宁夏灵武恐龙化石赋存地层研究

NINGXIA LINGWU KONGLONG HUASHI
FUCUN DICENG YANJIU

海连富　王　磊　李振江　宋　扬　马金福
游水生　李明涛　梅　超　焦乃侠　陶　瑞　　著
马一平　李有波　强　泰　廖　方　许　成
马治军　魏向成　赵　亚　白金鹤　李海峰
张瑾超

中国地质大学出版社
ZHONGGUO DIZHI DAXUE CHUBANSHE

图书在版编目(CIP)数据

宁夏灵武恐龙化石赋存地层研究/海连富等著.—武汉:中国地质大学出版社,2020.10

ISBN 978-7-5625-4850-8

Ⅰ.①宁…
Ⅱ.①海…
Ⅲ.①恐龙化石-区域地层-研究-灵武
Ⅳ.①Q915.724.34

中国版本图书馆 CIP 数据核字(2020)第 154583 号

宁夏灵武恐龙化石赋存地层研究	海连富 王磊 李振江 宋扬 马金福 等著
责任编辑:张燕霞	责任校对:徐蕾蕾
出版发行:中国地质大学出版社(武汉市洪山区鲁磨路388号)	邮政编码:430074
电 话:(027)59817780 67883511 传真:67883580	E-mail:cbb@cug.edu.cn
经 销:全国新华书店	http://cugp.cug.edu.cn
开本:787 毫米×1092 毫米 1/16	字数:190 千字 印张:8.25
版次:2020 年 10 月第 1 版	印次:2020 年 10 月第 1 次印刷
印刷:武汉市籍缘印刷厂	
ISBN 978-7-5625-4850-8	定价:128.00 元

如有印装质量问题请与印刷厂联系调换

序

恐龙是生活在中生代时期（约2.5亿～6600万年前）陆地上的一类爬行动物,最早报道于1677年,但有关恐龙的第一篇科学论文直到1824年才发表。1842年,英国学者理查德·欧文意识到已经发现的巨龙、禽龙和林龙实际上属于同一生物类群,于是命名了恐龙,意思是"恐怖的蜥蜴"。恐龙在6600万年前白垩纪结束时突然全部消失,成为地球历史上的第五次生物大灭绝。关于恐龙灭绝的原因,一直众说纷纭,有"小行星碰撞说""彗星碰撞说""造山运动说""气候变动说""火山喷发说""海洋潮退说"等,甚至还有"混血动物说""自相残杀说"及"压迫学说"等,其中,"小行星碰撞说"成为了当前学术界的主流假说。

我国科学家在恐龙研究方面做了大量工作,尤其是近30年来,我国相继发现了新的重要的侏罗纪和白垩纪恐龙化石层位及恐龙新属种,丰富和充实了我国恐龙动物群组成。这些恐龙化石及赋存地层的发现不仅对研究恐龙的演化具有重要意义,而且对了解古大陆和古地理环境变迁、古气候变化以及火山活动等重要地质事件具有突出意义。

其中,宁夏灵武恐龙化石的发现代表中国恐龙研究的一次大事件,不仅填补了宁夏恐龙研究的空白,更重要的是,这一发现极大地推动了我们对于大型蜥脚类恐龙早期演化的认知。这种被命名为神奇灵武龙的恐龙在分类上归入蜥脚类梁龙科,其发现不仅推动了侏罗纪时期恐龙生物地理学的认知,还把大型蜥脚类恐龙的理论分化时间前推到早侏罗世。神奇灵武龙属国宝级恐龙化石,改写了亚洲恐龙历史。2006年8月,中央电视台对宁夏灵武恐龙化石的挖掘现场进行了全国现场直播,一时间,灵武恐龙成为媒体中一个炽热的名词,引起世人瞩目。

宁夏灵武恐龙化石赋存于中侏罗世地层中,包括十数具代表不同发育阶段的恐龙个体的骨架,以及部分头骨。为全面了解灵武恐龙化石赋存地层特征及恐龙生活时代古地理环境,海连富等编写了这本书。本书通过采集相关样品,利用多种地质学研究方法,详细阐述了宁夏灵武恐龙化石的埋藏学特征和赋存地层特征。最后,通过对比恐龙骨骼化石与赋存地层间的微量元素组成、分布规律及变异程度,对宁夏灵武恐龙灭绝因素提出猜想。

本书共包括灵武恐龙化石赋存地质背景、恐龙化石赋存地层特征、直罗组地球化学特征及地质意义、直罗组沉积环境特征与演化、灵武恐龙化石埋藏特征及化学元素组成等 7 个部分,内容涉及古生物学、地层学、岩石学、地球化学、岩石地球化学、沉积学等多个学科,集结了宁夏回族自治区矿产地质调查院及四川省地质矿产勘查开发局区域地质调查队中青年技术骨干的智慧。相信本专著的出版将对灵武恐龙化石的研究,甚至是地质事业的发展起到积极的推动作用。

地球科学博大精深,恐龙化石所蕴含的信息更是琳琅满目,愿新时代地质工作者热爱地质事业,大胆探索,揭开更多的地球科学奥秘,为国家的繁荣昌盛贡献力量。

中国科学院古脊椎动物与古人类研究所研究员

前言

宁夏灵武恐龙化石最早于 2004 年由宁夏灵武市磁窑堡一个叫马云的村民在放羊时发现,后经多年考古挖掘,其遗迹现已成为西北地区占地面积较大、分布较集中、保存较完整的恐龙化石产地之一,是宁夏回族自治区内极为珍贵的化石资源。目前,已挖掘出十数具大小不同、代表不同年龄阶段的恐龙化石个体,主要包括恐龙头骨、牙齿、肩胛、乌喙骨等。中国科学院古脊椎动物与古人类研究所徐星研究员定义其为一种生活在中侏罗世早期的蜥脚类梁龙科大型植食性恐龙。

宁夏灵武恐龙化石发现至今,先后有多家科研院所、高校及团队在该地区开展了相关方面的研究工作,概括起来主要有两点:一是在恐龙化石最初的发掘阶段,其研究内容主要集中在恐龙化石部位鉴别、骨骼恢复及形态重塑上;二是以中国科学院古脊椎动物与古人类研究所徐星团队为代表的对恐龙化石形态学和分类学方面的系统性研究工作,认为宁夏灵武恐龙化石主要赋存于中侏罗世地层中,并从恐龙不同部位的骨架入手,给出了宁夏灵武恐龙为一种新的蜥脚类梁龙科恐龙,也是东亚最早的一种恐龙的结论。除此之外,关于宁夏灵武恐龙化石方面的研究,尤其是恐龙化石埋藏地层的岩石学、岩石地球化学及恐龙生活时代古地理环境等方面的研究基本是空白。鉴于此,2018 年 3 月四川省地质矿产勘查开发局区域地质调查队协同宁夏回族自治区矿产地质调查院开展了"宁夏灵武国家地质公园恐龙化石赋存地层研究"项目。项目从开始到验收,得到了社会各界人士的关注和相关单位的大力支持,包括宁夏灵武国家地质公园管理局、宁夏回族自治区地质局、宁夏回族自治区自然资源厅及中国科学院古脊椎动物与古人类研究所等,并获得较大反响。

这本书以上述研究成果为基础,通过大量野外工作,并结合主微量、稀土元素地球化学特征及光薄片鉴定等方法,系统研究了宁夏灵武恐龙化石埋藏学特征及赋存地层的岩石学和岩石地球化学特征,总结了恐龙生活时代直罗期宁夏灵武地区古地理环境及其演化规律。本书在编写过程中,从恐龙化石赋存层位及岩性组合特征入手,以直罗组地球化学特征为主线,在分析直罗组物源属性、沉积相、沉积环境的基础上,进一步探讨了宁夏灵武恐龙生活时代的古地理环境。此外,通过对比恐龙骨骼化石与赋存地层间的微量元素组成、分布规律及变异程度,对宁夏灵武恐龙灭绝因素提出猜想。

本书研究成果,对于全面认识我国北方地区尤其是侏罗纪恐龙的生活环境、古沉积演化及恐龙地理分布区具有重要意义,为展现史前生态景观,研究西北地区远古时期地理、气候等提供了珍贵的资料和重要的科学信息。

本书由海连富、王磊、李振江、宋扬、马金福等人共同主编完成,共分为7个章节,内容主要包括灵武恐龙化石赋存地质背景、恐龙化石赋存地层特征、直罗组地球化学特征及地质意义、直罗组沉积环境特征与演化、灵武恐龙化石埋藏特征及化学元素组成等7个部分。书稿完成后,由国家古生物化石专家委员会委员、国土资源部古生物化石专家、自贡恐龙博物馆彭光照研究馆员和西南科技大学环境与资源学院梁斌教授审阅,并提交宁夏回族自治区矿产地质调查院和四川省地质矿产勘查开发局区域地质调查队分别进行了评审,在广泛听取意见的基础上,作了修改和补充,最后由王磊、李明涛、李振江、陶瑞等修改定稿。限于编者的水平和条件,缺点和不足在所难免,敬希望读者批评指正。

本书在编写过程中,得到了宁夏回族自治区地质局、四川省地质矿产勘查开发局区域地质调查队、宁夏灵武国家地质公园管理局及宁夏回族自治区矿产地质调查院等单位的大力支持,特别是宁夏回族自治区矿产地质调查院各级领导,先后对本书进行了两次评审和把关,提出了很多宝贵意见。在此,对帮助本书出版的单位和同仁以及文中所引用研究成果资料的各位学者表示感谢。

著 者

二〇二〇年六月

目录

第一章 概论 (1)
第一节 国内恐龙化石赋存地层研究现状 (1)
第二节 灵武恐龙化石的发掘与保护 (4)
一、恐龙化石的发掘 (4)
二、恐龙化石的保护 (7)
第三节 灵武恐龙相关研究现状 (9)

第二章 灵武恐龙化石赋存地质背景 (11)
一、地层 (11)
二、构造 (16)

第三章 灵武恐龙化石赋存地层特征 (19)
第一节 恐龙化石赋存地层宏观特征 (19)
一、地质剖面研究 (19)
二、钻孔地质研究 (25)
三、岩石地层单元综述 (29)
第二节 恐龙化石赋存地层岩石学特征 (31)
一、砂岩物质组分特征 (32)
二、砂岩的结构特征 (35)
三、岩石镜下特征 (38)
四、恐龙砂岩特征 (42)
第三节 地层横向变化及对比 (44)

第四章 直罗组地球化学特征及地质意义 (48)
第一节 直罗组主微量元素及稀土元素特征 (48)
一、样品采集与分析 (48)

二、元素地球化学基本特征 ……………………………………………………… (52)

　　三、常量元素地球化学特征 ……………………………………………………… (54)

　　四、微量元素和稀土元素地球化学特征 ………………………………………… (55)

　第二节　直罗组物源属性 …………………………………………………………… (58)

　　一、元素地球化学特征对物源的指示 …………………………………………… (58)

　　二、岩石碎屑组分特征对物源的指示 …………………………………………… (60)

　第三节　直罗组物源构造环境判别 ………………………………………………… (63)

　第四节　直罗组物源探讨 …………………………………………………………… (65)

第五章　直罗组沉积环境特征及演化 …………………………………………………… (69)

　第一节　直罗组沉积相分析 ………………………………………………………… (69)

　　一、曲流河沉积相 ………………………………………………………………… (69)

　　二、辫状河沉积相 ………………………………………………………………… (77)

　第二节　直罗组沉积环境特征 ……………………………………………………… (82)

　　一、直罗组砂岩的粒度特征 ……………………………………………………… (82)

　　二、孢粉、动植物化石组合特征及对古植被、气候的指示 …………………… (84)

　　三、元素地球化学指示的古环境及其变化 ……………………………………… (87)

　第三节　直罗组沉积环境演化 ……………………………………………………… (94)

第六章　灵武恐龙化石埋藏特征及化学元素组成 ……………………………………… (96)

　第一节　灵武恐龙化石的埋藏环境与埋藏特征 …………………………………… (96)

　　一、灵武恐龙的埋藏环境 ………………………………………………………… (96)

　　二、灵武恐龙的埋藏特征 ………………………………………………………… (97)

　第二节　灵武恐龙化石化学元素组成特征 ………………………………………… (100)

　　一、样品采集与测试分析 ………………………………………………………… (100)

　　二、元素地球化学基本特征 ……………………………………………………… (103)

　　三、稀土元素组成特征 …………………………………………………………… (103)

　　四、微量元素组成特征 …………………………………………………………… (109)

　　五、灵武恐龙化石微量元素异常特征 …………………………………………… (114)

　　六、灵武恐龙死亡原因探讨 ……………………………………………………… (115)

第七章　结束语 …………………………………………………………………………… (117)

　主要参考文献 …………………………………………………………………………… (118)

第一章 概 论

恐龙是地球上一种早已绝灭的大型陆生爬行动物,在距今2.3亿年前的三叠纪末期出现,经历了侏罗纪、白垩纪等漫长的岁月,在白垩纪末期(6500万年前)灭绝。我国恐龙化石埋藏丰富,分布范围广,保存性好,代表性强,并且从侏罗纪早期到恐龙灭绝的各个地质时期,我国都有代表恐龙动物群的发现,是世界上屈指可数的几个恐龙大国之一。

第一节 国内恐龙化石赋存地层研究现状

近30年来,国内恐龙化石赋存地层的相关研究逐渐推进,主要表现在组织实施多次大规模的国际合作考察、发掘和研究,发现了许多重要的化石地点和层位,研究和命名了大量恐龙动物群新属种,同时在化石埋藏地的岩石地层序列、沉积相、沉积环境、古环境古地理,以及恐龙化石产出地围岩与化石元素成分对比等研究领域取得了一定进展。

(一)重要恐龙化石赋存层位及沉积古地理

恐龙化石埋藏的确切层位及基础层序研究是恐龙化石赋存地层研究的基础,确定准确的层位信息能为恐龙分布的时空区系提供证据,也为下一步具体研究打下基础。近30年来,我国相继发现了重要的侏罗纪和白垩纪赋恐龙化石层位及恐龙新属种,丰富和充实了已发现的恐龙动物群组成。其中有四川盆地中侏罗世下沙溪庙组蜀龙动物群、晚侏罗世上沙溪庙组马门溪龙动物群,新疆准噶尔盆地中侏罗世五彩湾组恐龙动物群、晚侏罗世石树沟组恐龙动物群、内蒙古巴音满都呼早白垩世巴音满都呼组恐龙动物群、二连浩特晚白垩世二连达布苏组恐龙动物群,甘肃马鬃山早白垩世新民堡组恐龙动物群,山西天镇晚白垩世灰泉堡组巨龙-甲龙动物群,黑龙江嘉荫晚白垩世渔亮子组恐龙动物群以及在云南、湖北等省区发现的恐龙化石层位。以上地层都是中国范围内赋存着恐龙化石的特殊层位,在区域地质上显得尤为特殊。20世纪80年代以来,董枝明对中国恐龙动物群及其层位、时代和古地理分布进行了比较全面的论述,提出了中国5个恐龙动物群组合及其赋存时代:早侏罗世禄丰蜥龙动物群,早中侏罗世蜀龙动物群,晚侏罗世马门溪龙动物群,早白垩世鹦鹉嘴龙-翼龙动物群和晚白垩世巨龙-鸭嘴龙动物群。禄丰动物群化石的赋存地层在西昌、会理称下益门组,滇中是冯家河组,在四川盆地是珍珠冲组,都为红色沉积。四川盆地的自流井组赋存中侏罗世蜀龙动物群化石。自流井组是一套河湖相的沉积,在盆地内分布得比较稳定,两层淡水介壳灰岩可作为很好的标志层。晚侏罗世上沙溪庙组赋存马门溪龙动物群化石,发育低位体系域、水进体系域和高位体系域,该套地层发育的沉积相类型包括河流相、辫状河三角洲相和湖泊相。新疆准噶尔盆地的吐谷鲁群,出露在天山南北,于该处发现了准噶尔翼龙化石,其赋存地层为红绿色及条带状杂色砂泥岩,是半干燥—干燥气候条件下的河湖相沉积。出露于广西扶绥那派盆地的早白垩世那派组,是一套含钙泥质粉砂岩及砂质泥岩的紫红色滨湖相和湖相沉积,其下部的紫红色泥岩及粉砂岩产出恐龙化石,化石性质显示与我国北方鹦鹉嘴龙动物群接近。

恐龙化石赋存地层主要研究内容之一就是研究化石埋藏地层的沉积相,恢复沉积环境,了解化石形成和被埋藏前后的古地理背景。诸多学者的研究表明,从侏罗纪到早白垩世再到晚白垩世的恐龙时代,恐龙化石赋存地层的沉积环境都存在有利于生物生存的水源地、丰富植物及气候条件,总体来看有逐渐从湿润气候向干旱气候转变的趋势。2011年,刘永清对山东胶莱盆地恐龙足迹化石的研究表明,胶莱盆地发育着完整的白垩纪莱阳群、青山群、王氏群的陆相沉积火山岩石地层序列,记录着从早白垩世相对湿润环境过渡为晚白垩世末期燥热干旱古地理环境演化历史的重要信息和地质证据。同时,盆地发育着与华北北部热河生物群基本相同的早白垩世陆地生物群,特别是保存着大量的兽脚类、蜥脚类和鸟脚类恐龙足迹化石。山东诸城晚白垩世王氏群中上部以集群埋藏方式保存着10余个属种恐龙,在诸城3个化石埋藏点,识别出泥石流、洪泛平原和辫状河道等埋藏沉积相或微相类型,其中泥石流沉积相是最主要的骨骼化石埋藏沉积相。突发性的冲击扇-泥石流地质事件,是该地恐龙集群埋藏的主要机制。莱阳地区王氏群上部和顶部为晚白垩世末期燥热干旱环境的洪泛平原和辫状河道沉积亚相组合,骨骼化石多保存在洪泛平原微相中,关联或半关联状,有不同程度的磨损。胶莱盆地白垩纪古地理环境演化与周边大型断裂的活动与伸展作用有关,恐龙动物群演化以及消亡或灭绝与古地理环境具有明显的成因联系。2013年,许欢对山东诸城早白垩世中期恐龙足迹化石赋存地层沉积环境及古地理的研究表明,胶莱盆地在早白垩世莱阳期经历了湖盆形成扩张到萎缩的过程。在杨家庄组沉积早期,湖盆面积最大,诸城在该时期为将来盆地沉积中心之一,黄华店地区浅湖三角洲发育,气候由干旱转为湿润,进入杨家庄组沉积晚期气候向半湿润、半干旱转化。到曲格庄组时期,盆地南部抬升,从诸城黄龙沟足迹点大比例尺实测剖面可以看出,足迹层由浅湖相泥质粉砂岩、粉砂岩逐渐过渡为滨湖三角洲相砂岩,足迹层位之上则被三角洲相砂岩所覆盖,整体反映了水体逐渐变浅。2017年,何情对安徽齐云山晚白垩世恐龙足迹化石赋存层位及沉积环境展开研究,化石赋存层位小岩组指示陆相沉积中的浅水沉积,岩屑砂岩的平均粒径、标准偏差、偏度和峰度4个粒度参数特征与典型的河相砂一致,粒级分布直方图、概率累积曲线图及散点图表明,足迹层位从下到上颗粒逐渐变细,水动力条件变弱,沉积环境由河床沉积转变为边滩沉积。其足迹点沉积环境为大型曲流河沉积,足迹保存在边滩沉积的下部,是白垩纪末期干旱气候条件下兽脚类恐龙动物群的水源地。2018年,唐永忠对陕西神木白垩纪恐龙足迹沉积环境的研究表明,含恐龙足迹地层岩石组合为一套典型沙漠相"红色砂岩"系:岩石组合以紫红—暗紫红色厚—块状粉砂质泥岩、泥质粉砂岩与薄层中—粗粒长石石英砂岩、石英砂岩为主,构成典型的丹霞地貌景观,其中生代植物化石组合以银杏类为主,次为真蕨类,属有利于植物快速生长的温暖潮湿—干燥温带—亚热带气候,是适合恐龙生活的有利地区,而下白垩统洛河组沙漠相湖泊沉积中有少量的火山灰层,表明气候炎热干燥。研究区出露中生代晚三叠世—早白垩世地层,可划分出河流相、湖泊相、冲积扇-三角洲相、沙漠相四大沉积类型。河流相主要发育在上三叠统瓦窑堡组、中侏罗统延安组一段、五段和直罗组及上侏罗统安定组中;湖泊相以浅湖沉积为主,主要发育在下侏罗统富县组、中侏罗统直罗组和上侏罗统安定组中;冲积扇-三角洲相发育在中侏罗统延安组、上侏罗统安定组中;沙漠相发育在下白垩统洛河组中。早、中侏罗世与早白垩世恐龙足迹形成时代、岩相古地理、沉积环境明显不同。

(二)恐龙化石赋存地层与恐龙化石元素组成对比研究

分析测试生物体及其围岩中微量元素的含量,对探讨古生物习性、古生态环境及其对生物体的影响等具有重要的意义。国内外一些学者借助各种手段对恐龙化石及其赋存地层围岩的化学成分进行尝试性研究,试图以此来恢复恐龙时代的古环境或揭示恐龙生存和灭绝奥秘的依据,通过两者元素组成的对比研究分析,来确定恐龙生活时代古地理环境的变化。

李奎等(1998,1999)从恐龙围岩及恐龙骨骼化石微量元素的分布、组合入手,采用高精密度、灵敏度的中子活化分析技术分析了四川广元、自贡、开江、简阳等地的恐龙骨骼化石、化石赋存地层,同时代的爬行类乌龟、鱼类和现生的龟鳖类及现代哺乳动物的元素组成。恐龙赋存地层及化石围岩样品的分析数据与已知碎屑岩的微量元素丰度对比发现,极大多数都无明显的差异。而恐龙骨骼化石样品中的稀土元素、U、As、Ba等微量元素相比于地层均具高异常或超高异常,且明显高于其他脊椎动物骨骼,Zn元素则显示了低异常,含量低于其他脊椎动物骨骼。因此,推测四川盆地恐龙动物群集群死亡的原因应是由As和Ba的超高异常而引起的中毒作用,以及对As起解毒作用的Zn的低异常的共同作用;而U和稀土元素的高异常是由恐龙骨骼在石化过程中所产生的有机质对外围赋存地层元素的吸附作用引起的,不能作为该恐龙动物群集群死亡的原因。朱光有等(1999)利用ICP-AES对河南西峡晚白垩世的恐龙蛋化石壳及蛋内充填物和围岩进行了测试,发现化石相对于围岩Sr元素具有明显的超高异常,比古代和现代富Sr的腕足类外壳高一倍到数倍,比地壳丰度值高一个数量级还多。此外,在云南楚雄盆地中侏罗世恐龙,安徽齐云山白垩纪恐龙,河南西峡白垩纪恐龙、栾川潭头盆地白垩纪恐龙等的出露地区都进行了恐龙化石地层围岩与恐龙骨骼元素组成的对比研究,恐龙骨骼化石中多少出现了相对于围岩的超高异常,其对恐龙生活环境及生活状态的指示也是未来进一步研究探讨的方向。

第二节　灵武恐龙化石的发掘与保护

宁夏灵武恐龙化石为中生代中侏罗世的食草恐龙,中国科学院古脊椎动物与古人类研究所徐星研究员确定其为蜥脚亚目梁龙科的叉背龙化石。灵武恐龙化石群是我国发现的面积较大、分布集中、保存较完整、周边环境未遭受破坏的恐龙化石群遗址,它的发现对研究蜥脚类恐龙形态学、分类学和系统演化具有重要意义。

一、恐龙化石的发掘

在宁夏灵武市宁东镇磁窑堡煤矿东南2km处,有一个被当地人称为"南磁湾"的村庄,2004年4月家住南磁湾的回族青年马云无意间发现了一块外形奇特的石头,这块"石头"与普通石头不同,它表面十分光滑,呈红褐色,形状很像动物骨骼。他把这一发现告知了当时宁夏灵武市文物管理所,随后,工作人员赶到埋藏化石的现场,观察到在一个南北长50m、东西高5m的缓坡上,一块宽40cm、长近2m的动物股骨化石裸露在灰绿色的土层中,距化石埋藏不远处,有一个10m见方的土坑,这是当时砖场蓄水的水池。一条水渠顺着水池延伸到埋藏化石的位置,化石周围土层有明显被雨水冲刷过的痕迹,正是由于砖场取土,化石埋藏土层变浅,加之雨水冲刷,化石才终于重见天日。

2004年11月18日,经宁夏回族自治区文物局批准,灵武市文物管理所对南磁湾化石进行抢救性清理发掘。文物专家用手铲顺着发现化石的地方向四周挖掘,在南北长15m的斜坡上,均发现有化石出露,而且化石层埋藏较浅。随着发掘面积的扩大,暴露出来的化石个体也越来越大,巨大的化石越挖越深,越挖越宽,挖到一米见方时还没挖到边缘。到了2005年4月10日,地质专家郑昭昌来到化石发掘地推断:"南磁湾山梁地层为中生代侏罗系,在侏罗纪时代地球上生存如此庞大的动物,极有可能是恐龙!"为了进一步确认化石种属,灵武市文物管理所决定携带化石到北京请专家进行鉴定,工作人员带着恐龙化石标本和录像资料,乘飞机来到中国科学院古脊椎动物与古人类研究所,找到了国际著名恐龙研究专家徐星,徐研究员认真看完携带的资料后肯定地说:"这是蜥脚类恐龙化石,它填补了宁夏没有发现恐龙的空白,这个发现十分重要。"

历时2年(2005—2006年),中国科学院古脊椎动物与古人类研究所与灵武文物管理所先后进行4次发掘,清理3个发掘面(图1-1),挖掘出包括恐龙头骨、牙齿、肩胛、乌喙骨等十数具恐龙个体化石骨架,化石保存状况较为理想。灵武恐龙化石为蜥脚亚目梁龙科属的叉背龙化石,是宁夏境内发现的第一个恐龙化石点。3个发掘坑出土的重要化石如下:

一号坑是灵武恐龙化石遗址发掘的第一个坑穴,坑穴南北长16.45m,东西宽9.46m,共挖掘出3具恐龙化石个体。其中一具恐龙化石个体骨骼关联程度较好,由南向北依次为恐龙颈椎、荐椎、腰椎和尾椎化石,占完整恐龙椎体骨骼的61%。从化石的排列上分析,恐龙化石近于原地埋藏(图1-2)。

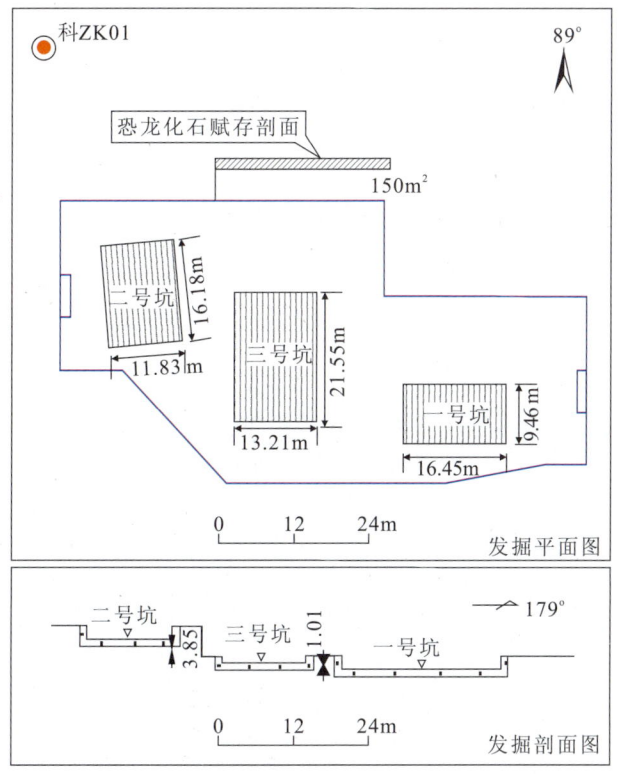

图1-1 灵武恐龙化石发掘平面图与剖面图

图1-2 一号坑恐龙化石展布形态

二号坑东西长16.18m,南北宽11.83m,发掘出的恐龙化石个体比一号坑的大。发掘出的3具恐龙化石个体骨架,最小的长22m,最大的长可能超过25m。坑内东侧形似勺子的骨骼是保存完整的恐龙肩胛、乌喙骨化石,直径达1.8m,单个椎体长达1.5m。同时在二号坑还发掘出一颗完整的恐龙头骨化石,由于恐龙头部骨骼较薄,埋藏保存并形成化石比较困难(图1-3)。

三号坑位于一号坑的北侧,坑穴东西长21.55m,南北宽13.21m,共发掘出2具恐龙化石个体骨架(图1-4)。在一具恐龙颈椎化石2m处,挖掘出22颗排列整齐的恐龙牙齿化石,这些牙齿化石保存完整,排列有序,是考古发掘史中首次发现的蜥脚类恐龙棒状牙齿化石(图1-5)。

图1-3 二号坑恐龙化石及赋存岩石特征

图1-4 三号坑恐龙化石展布特征

图1-5 三号坑排列整齐的恐龙牙齿化石

灵武恐龙化石埋藏面积较大、分布较集中、保存完整,这种情况在蜥脚类恐龙化石中非常罕见,它为了解蜥脚类恐龙形态学、分类学和系统演化提供重要信息,也为中生代恐龙地理区系的形成提供了重要信息。

二、恐龙化石的保护

灵武恐龙化石自发掘以来,地方政府和相关管理机构在化石保护方面做了大量工作,如封山禁牧、制止乱采滥挖乱伐乱建和陡坡耕作、现场遗迹保护、场馆建设及宣传保护等,避免了地质遗迹遭受破坏。同时,通过杜绝参观人员与化石直接接触,宣传地质遗迹保护的目的、意义,加强地质遗迹保护的宣传教育等手段,增强了人民群众和游客保护地质遗迹的意识,提高了保护化石遗迹的自觉性。

自恐龙园区2009年被国土资源部批准为国家级地质公园以来,2014年1月灵武市专门成立了宁夏灵武国家地质公园管理局,全面行使地质公园有关化石遗迹保护、公园建设和管理等职能。同时,为了更有效地保护和合理利用地质遗迹资源,成立了宁夏灵武国家地质公园地质遗迹保护工作领导小组,主要对地质遗迹及重点景观采取相关保护措施,具体包括:

(1)前期在恐龙化石遗迹园区修建了2个化石原地埋藏馆(图1-6),面积约1500m^2,在馆区周围建设了防水排水和护坡避险工程;在一级保护区外修筑了长750m的围栏;多次对恐龙化石及周边岩石进行了清洁、整理、加固、补配和封闭;制作了部分恐龙化石模具和模型;对灵武恐龙化石遗址坑进行了玻璃密封保护(图1-7、图1-8),设立了指示牌、警示牌和景观说明牌;修建了园区公路及办公、生活等配套设施。

(2)科学合理地划定了恐龙园区范围,根据划定的范围,测定了恐龙园区范围坐标,并按照坐标在具体位置上制作安装了恐龙园区界碑(图1-9),共9块。

(3)开展了地质遗迹调查保护工作,建立恐龙园区地质遗迹数据库,编制地质遗迹名录;对恐龙化石出露范围进行了地形测量。

(4)对面积为2km^2、周长为6500m的恐龙园区进行了全部围封(图1-10),以一级保护区为主要范围修建了恐龙园区围墙,围墙周长约2500m。

(5)对恐龙化石进行修复保护,包括除尘、复原固定、涂保护漆、地面净化等。在化石出露范围铺设灯光,安装参观指示标志和监控防盗设备,在主要部位安装了火灾自动报警、消防栓、各种灭火器材等设备,排除恐龙化石安全隐患。

(6)在恐龙园区建设了标志性景观大门、主碑及科普展示中心。景观大门及科普展示中心建筑材质为混凝土框架,外挂大理石石材。其中,大门高15m,占地面积50m^2;科普展示中心占地面积300m^2。

(7)建成宁夏灵武国家地质公园网站并投入使用,定期和不定期地对网站进行维护更新。完成了恐龙园区原址埋藏保护馆和科普展示中心的布展设计和建设;安装了导览系统,制作了地质公园沙盘。

图1-6 恐龙化石前期保护馆

图1-7 一号遗址坑玻璃密封

图1-8 三号遗址坑玻璃密封

图1-9 恐龙园区围栏及界碑

图1-10 恐龙园区围墙

(8) 编制了宁夏灵武国家地质公园科学导游手册、地质公园导游图、地质公园科普宣传画册等科普宣传读物,开展了地质公园的科学普及工作,在恐龙园区建立了自治区级科普教育基地,同时,不定期地开展面向普通游客的科普宣传活动。

(9) 新建恐龙园区保护场馆 3800m² (图 1-11),修建 2000m 科考步行道及地质知识科普长廊(图 1-12),沿步行路两侧及围墙周围进行了绿化。

图 1-11 新建的恐龙园区保护场馆

图 1-12 地质知识科普长廊

以上工作充分体现了宁夏回族自治区人民政府及灵武市人民政府对恐龙园区化石及遗迹保护的高度重视。

第三节 灵武恐龙相关研究现状

灵武恐龙化石的埋藏条件较好、分布数量多、保存完整,是宁夏回族自治区内极为珍贵的化石资源,具有重要的科学研究价值,一些学者及机构在恐龙化石发掘以来已经开展了相关研究工作。

中国科学院古脊椎动物与古人类研究所和灵武文物管理所先后选派发掘人员组成发掘小队,于 2005 年至 2006 年对灵武恐龙化石展开发掘工作,发掘出十数具保存状况较为理想的恐龙化石个体。在灵武恐龙最初的发掘阶段,各研究机构及技术人员的研究内容主要集中于恐龙化石部位鉴别、骨骼恢复及形态重塑上。随着时间的推移,灵武恐龙的形态学和分类学研究才慢慢深入,以中国科学院古脊椎动物与古人类研究所徐星团队为代表,他们通过对 2012 年以来所发掘的宁夏灵武恐龙化石进行详细分析,并选取部分典型化石本体进行了古生物学研究。2018 年 5 月,他们在 Nature Communications 期刊上发表了题为 A new Middle Jurassic diplodocoid suggests an earlier dispersal and diversification of sauropod dinosaurs 的研究论文,将灵武恐龙定名为"神奇灵武龙(Lingwulong shenqi)",指出宁夏灵武恐龙遗址位于中侏罗统延安组,并从恐龙不同部分的骨架入手,给出了灵武恐龙为一种新的蜥脚类恐龙的结论,且证明它是我们所知最早的蜥脚类梁龙科恐龙,也是东亚最早的一种恐龙,其有限的地理分布范围反映了由碎片化引起的地方性恐龙分布特征。这篇文章是近年来灵武恐龙研究的重要成果之一，进一步扩大了灵武恐龙在国际的影响力。

然而，在过去十几年里，对宁夏灵武恐龙研究多停留在对化石材料的形态学和分类学层面上，而有关恐龙化石埋藏地的地层学、岩石学、岩石地球化学等方面的研究几乎为空白。鉴于此，2018年3月，四川省地质矿产勘查开发局区域地质调查队协同宁夏回族自治区矿产地质调查院对灵武恐龙化石赋存地层开展了研究，这一研究打破了灵武恐龙长期以来局限于其形态学及分类学研究的单一现状。宁夏灵武恐龙化石自发掘以来，其赋存层位一直存在争议。四川省地质矿产勘查开发局区域地质调查队与宁夏回族自治区矿产地质调查院以露头、地质剖面和钻孔资料为基础，结合相关化验测试等工作，经详细梳理和研究，查明了恐龙化石赋存层位、岩性及岩相组合等特征。同时，结合宁夏灵武地区煤矿钻孔资料，进行了地层垂向序列及岩石地层对比研究，分析了直罗组沉积相、沉积环境及恐龙生活时代的古地理环境，得出宁夏灵武恐龙化石赋存于中侏罗统直罗组二段顶部，其岩性主要为灰白色、浅黄褐色、灰褐色、灰紫色、浅灰绿色中细粒岩屑石英砂岩，发育槽状交错层理、平行层理、粒序层理的结论。上述工作为灵武恐龙化石研究奠定了重要的地质基础，提供了较丰富的地质资料。

第二章 灵武恐龙化石赋存地质背景

宁夏灵武恐龙化石埋藏地属宁夏灵武市宁东镇磁窑堡,区域上位于鄂尔多斯盆地中生代聚煤盆地的西缘。灵武宁东镇及周边地区为大面积的第四系覆盖,零星出露中三叠统二马营组、上三叠统上田组、中侏罗统延安组、中侏罗统直罗组、上侏罗统安定组(图2-1)。构造主要发育有鸳鸯湖背斜、磁窑堡向斜及磁窑堡东逆断层。

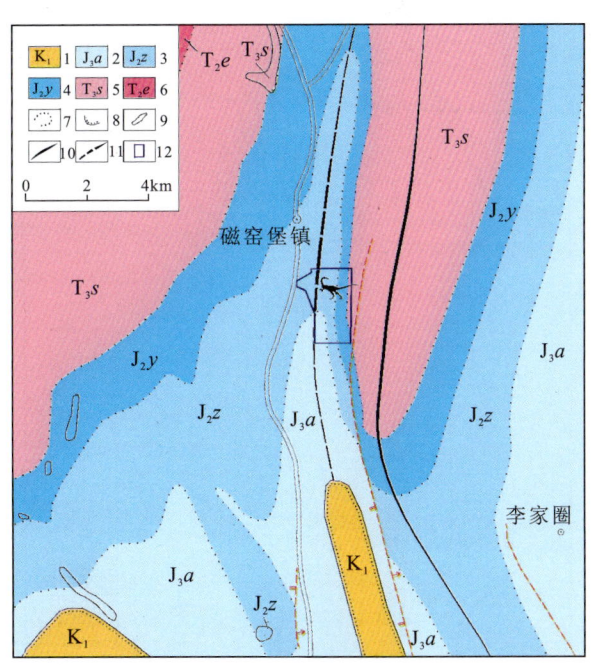

图2-1 区域基岩地质图

1.下白垩统;2.上侏罗统安定组;3.中侏罗统直罗组;4.中侏罗统延安组;5.上三叠统上田组;6.中三叠统二马营组;7.基岩推测界线;8.角度不整合界线;9.露头;10.鸳鸯湖背斜;11.磁窑堡向斜;12.恐龙化石遗址位置

一、地层

区域上地层划属华北地层区、鄂尔多斯西缘地层分区之桌子山-青龙山地层小区(图2-2)。主要被第四系覆盖,零星出露中三叠统二马营组(T_2e)、上三叠统上田组(T_3s)、中侏罗统延安组(J_2y)和直罗组(J_2z)。灵武地区主要出露地层特征如下:

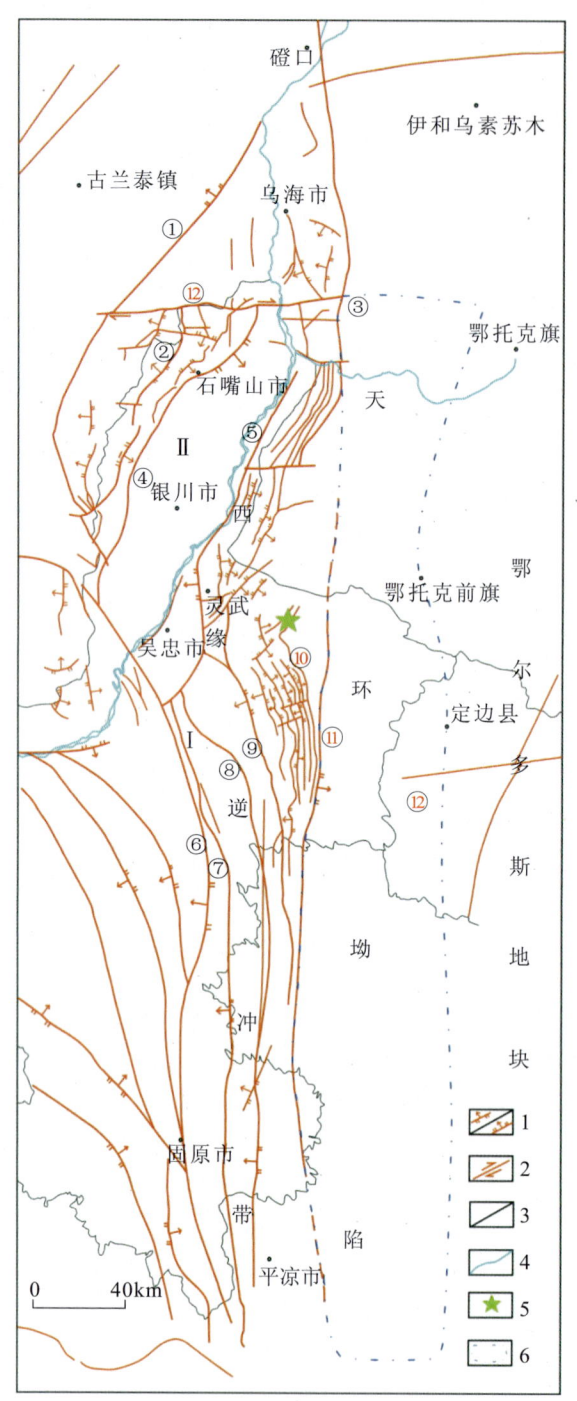

图 2-2 鄂尔多斯盆地西缘构造纲要图(据曹代勇等,2015)

Ⅰ.六盘山东麓逆冲推覆构造系统;Ⅱ.贺兰山逆冲推覆构造系统;①磴口-阿拉善左旗断裂;②小松山断裂;③卓子山东麓断裂;④贺兰山东麓断裂;⑤黄河断裂;⑥青铜峡-固原断裂;⑦韦州-安国断裂;⑧青龙山-平凉断裂;⑨惠安堡-沙井子断裂;⑩马柳断裂;⑪车道-阿色浪断裂;⑫正义关断裂;1.逆断层/正断层;2.平移断层;3.省界;4.河流;5.研究区;6.构造分区

(一)三叠系

1. 二马营组（T_2e）

区域上在灵武县磁窑堡北的石井子沟一带有零星出露，上部受到强烈的剥蚀。区域上岩性以紫灰—浅紫灰色中厚至厚层含砾粗粒、中粗粒岩屑长石砂岩、长石杂砂岩为主，下部偶夹绛紫色泥岩透镜体，砂岩发育大型交错层理，含紫红色泥砾及砂球。

该组在研究区为一套河湖相的碎屑岩沉积，下部以黄绿色、灰色、灰绿色泥岩、粉砂岩为主，偶夹灰绿色中层状细粒砂岩；上部为浅灰绿色、灰白色中厚层状中细粒长石石英砂岩、含泥砾长石石英砂岩夹浅灰色、紫红色块状泥岩，偶夹灰黑色碳质页岩。砂岩中常发育平行层理、交错层理。

2. 上田组（T_3s）

该组地层零星出露，与下伏大风沟组整合接触，中侏罗统延安组不整合覆于其上，为一套河湖相的碎屑岩沉积，主要由灰绿—黄绿色岩屑长石砂岩、长石石英砂岩和灰黑色粉砂岩、泥岩、页岩组成，产植物及双壳类等化石。在灵武石井子沟一带，本组岩性为浅灰黄色、灰白色含砾粗粒、中细粒长石砂岩，长石石英砂岩夹灰色、灰黄色粉砂岩、粉砂质泥岩及劣质煤层。

该组为一套河湖相的碎屑岩沉积，在研究区下部以灰色、灰白色块状粗粒长石石英砂岩、含砾粗粒长石石英砂岩、中厚层状长石石英砂砾岩为主，夹灰白色中厚层状细粒岩屑石英砂岩，偶见灰黄色泥页岩夹层。砂岩中常发育平行层理、斜层理，偶见大型槽状交错层理。风化面常发育褐铁矿化铁质结核，形成类斑状（图2-3）。中部为灰绿色、深灰色、浅紫红色、灰褐色块状泥岩、粉砂岩夹灰色、灰白色中厚层状含砾粗粒长石石英砂岩、中粗粒长石石英砂岩，灰白色中细粒长石石英砂岩，偶夹灰白色中层状长石石英砂砾岩，砂岩中发育平行层理、粒序层理、板状交错层理。泥岩与砂岩接触界面常形成冲刷面（图2-4）。上部为灰色块状、中厚层状中粒长石石英砂岩。砂岩中常发育板状交错层理、平行层理、块状层理（图2-5、图2-6）。

图2-3 "斑状"粗砂岩

图2-4 泥岩与砂岩接触界线

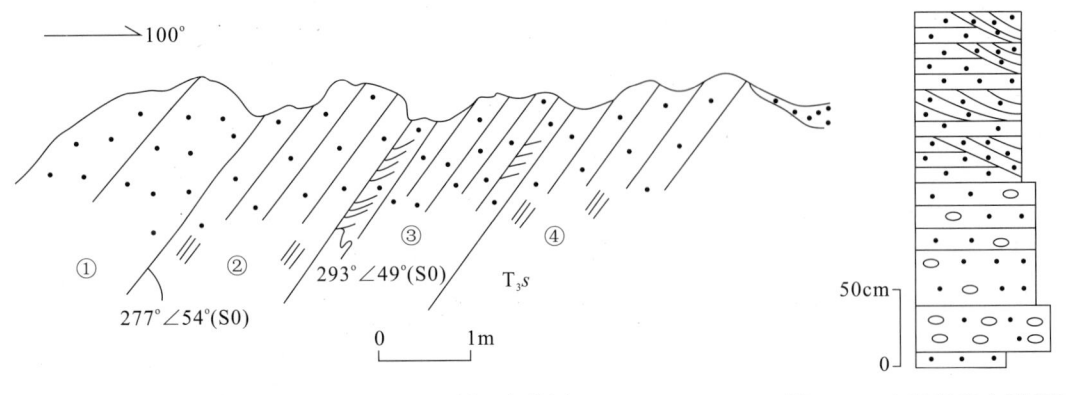

图 2-5　上田组剖面素描图　　　　图 2-6　上田组基本层序图

(二)侏罗系

第四系覆盖严重,零星出露侏罗系地层有延安组、直罗组、安定组。

1. 延安组(J_2y)

该组零星出露于研究区东部,区域上在原磁窑堡镇以北,灵新煤矿矿区周边,古磁公路沿线以及五疙瘩山、回民巷、梅花井矿区西侧等区域有少量出露。

延安组为一套河湖相碎屑岩含煤建造,属继承盆地沉积,岩性为灰色、灰白色长石石英质各粒级砂岩,灰色、灰黑色及黑色粉砂岩、泥质岩和少量黏土质岩石,局部夹不稳定钙质粉砂岩或泥质灰岩、碳质泥岩,含煤 30 余层,其中编号煤层 18 层,可采及局部可采 17 层。底部发育一层灰白色或微带绿色细粒砂岩,局部夹泥质岩块,相变为黏土质泥岩。

2. 直罗组(J_2z)

该组零星出露于灵武恐龙园区、研究区北部古瓷窑一带及研究区南部采石场、鸳鸯湖东圈梁等地。

直罗组为一套半干旱气候条件下的河流湖泊相沉积,局部地层底部有泥炭沼泽相沉积。底部为灰白色、微粉红色、褐黄色不等粒厚层状砂岩,俗称"七里镇砂岩",自上而下由细粒逐渐过渡为粗粒,并常含石英燧石小砾石呈砂砾岩状,韵律较明显。底部与下伏延安组第一层煤冲刷接触,为其直接顶板。下部以绿灰色粉砂岩和细粒砂岩为主,夹中粗粒砂岩。中部以灰绿色、绿灰色粉砂岩为主,夹薄层砂岩及泥岩,层理不明显。上部以灰褐色、紫褐色、灰绿色细粒砂岩为主,夹薄层粗粒砂岩及粉砂岩。厚度 208.51~577.39m,平均厚度 426.59m。

该组整合于中侏罗统延安组之上,与上覆上侏罗统安定组为连续沉积。该组宏观上以灰绿色为代表色,本次工作根据岩性组合将其划分为两段,各段岩石组合特征见如下。

直罗组一段:以灰白色、褐灰色、黄绿色中厚层状细粒岩屑石英砂岩、杂砂岩、中粒长石石英砂岩为主,夹灰黄色泥页岩。砂岩中常见平行层理、块状层理、槽状交错层理、波状纹层、波痕等,偶见生物扰动痕迹明显,发育虫迹。该段产丰富的植物化石。

直罗组二段:上部为灰绿色、紫红色、褐色泥岩、粉砂质泥岩与灰绿色粉砂岩、中细粒岩屑石英砂岩、长石石英砂岩互层,常发育水平层理、平行层理、小型交错层理、板状交错层理、块状层理等,见虫迹;下部为紫红色、浅紫红色、灰白色细粒长石石英砂岩、中粗粒长石石英砂岩、岩屑石英砂岩夹灰绿色块状泥岩、粉砂岩;底部常见河床滞留相砾岩,发育平行层理、槽状交错层理、板状交错层理等沉积构造。

3. 安定组(J_3a)

研究区上侏罗统安定组分布较少,在恐龙馆东坡上部及研究区南炉渣场一带见零星出露。

该组与下伏直罗组为连续沉积(图2-7)。宏观上以砖红色、紫红色最具代表特征,岩性上表现为砖红色泥岩、泥质粉砂岩与砖红色、紫红色薄—中厚层状中细粒长石石英砂岩、岩屑石英砂岩互层,发育含钙质杂砂岩,局部可见少量的砖红色中厚层状砾岩夹层。在恐龙化石遗址馆东边坡可见滞留相砾岩沉积。

砂岩中以发育平行层理、正粒序层理为主,偶见大型槽状交错层理、块状层理;粉砂岩中常发育水平层理,泥岩多为块状均质层,层理构造不甚发育。砾岩层理中发育叠瓦状构造,其扁平面产状显示安定组在研究区的古流向为82°(图2-8—图2-10)。

图2-7　安定组与直罗组界线

图2-8　大型槽状交错层理

图2-9　平行层理

图2-10　叠瓦状构造

(三)第四系

更新统洪积层（Qp_3^{pl}）：分布在研究区南侧，岩性为半胶结砾岩，砾石成分为硅质灰岩、石英岩、石英砂岩、花岗质片麻岩等。泥砂质、钙质胶结，磨圆度、分选性均比较差。

全新统风积物（Qh^{eol}）：分布于研究区及周边地区，主要物质为细砂，根据沙丘的流动、固定程度，划分为半固定沙丘（Qh_1^{eol}）和流动沙丘（Qh_2^{eol}）。流动沙丘的形态主要是新月形沙丘和沙丘链，高度一般为3~15m，少数大于20m。沙丘的成分以细砂为主。

二、构造

宁夏灵武地区区域上大地构造位于柴达木-华北板块中南部，地处鄂尔多斯盆地西缘、阿拉善微陆块东南部和祁连早古生代造山带东北缘，其毗邻地区是连接我国北方西部与东部不同大地构造单元的枢纽地区，也是我国地层、岩相古地理、构造、地貌以及重力、航磁等各种地球物理场的重要分界区域。鄂尔多斯盆地西部处于不同性质构造单元的结合部分，故地质特征复杂。盆地西缘总体上呈南北向展布，东邻鄂尔多斯地块，西北部、北部与弧形展布的阿拉善地块以新生代的断陷相隔，再向北与内蒙褶皱带遥遥相望，西部紧邻北北西—北西西向弧形分布的六盘山褶皱冲断带，西南部则与秦祁褶皱带相接，中部恰好处于阿拉善和六盘山及秦祁褶皱弧形构造相交处。由此可见，鄂尔多斯盆地西缘处于稳定的鄂尔多斯地块和多期活动、内部整体性较差的阿拉善地块边部以及多期活动的褶皱造山带（秦祁褶皱带）的交会复合部位，该区受不均匀的构造环境和多期活动过程多种物质运动状态、性质和方向的共同影响（图2-2）。研究区灵武恐龙化石发现地位于鄂尔多斯地块西缘之陶乐-彭阳冲断带中段，夹持于黄河-灵武断裂与马家滩-甜水堡断裂之间。构造遗迹包括褶皱和断裂，褶皱主要有鸳鸯湖背斜、磁窑堡向斜（表2-1），断裂发育较少，分布于磁窑堡东侧（图2-11）。

表2-1 主要褶曲及构造要素表

名称	组成地层		轴向	轴长/km	形态特征
	两翼	核部			
磁窑堡向斜	T_3s、T_2e	J_2y、J_2z	南北	14	向南倾伏，西翼倾角10°~30°，东翼倾角25°~45°，轴面东倾，横切面上呈烟斗状
鸳鸯湖背斜	J_2y、J_2z	T_3s、T_2e	南北	14	向南倾伏，轴面东倾，西翼倾角30°~60°，东翼倾角10°~30°，为不对称背斜

研究区断层不甚发育，以F1、F2断层初具规模，以下进行详细描述。磁窑堡东侧逆断层（F1）展布于东北部，总体走向近南北，以北走向为N12°E，以南走向为N12°W，在研究区向南南西延展总长6.38km。该断层在南部炉渣堆积场一带断面产状为70°∠66°，断层带宽5~7m，带内为碎裂化砂岩及泥岩，岩石劈理发育，带内见宽5~8cm的泥化带，其余为碎裂岩化带、强劈理化带（图2-12）。F2逆断层为分布于研究区东采石场一带的小

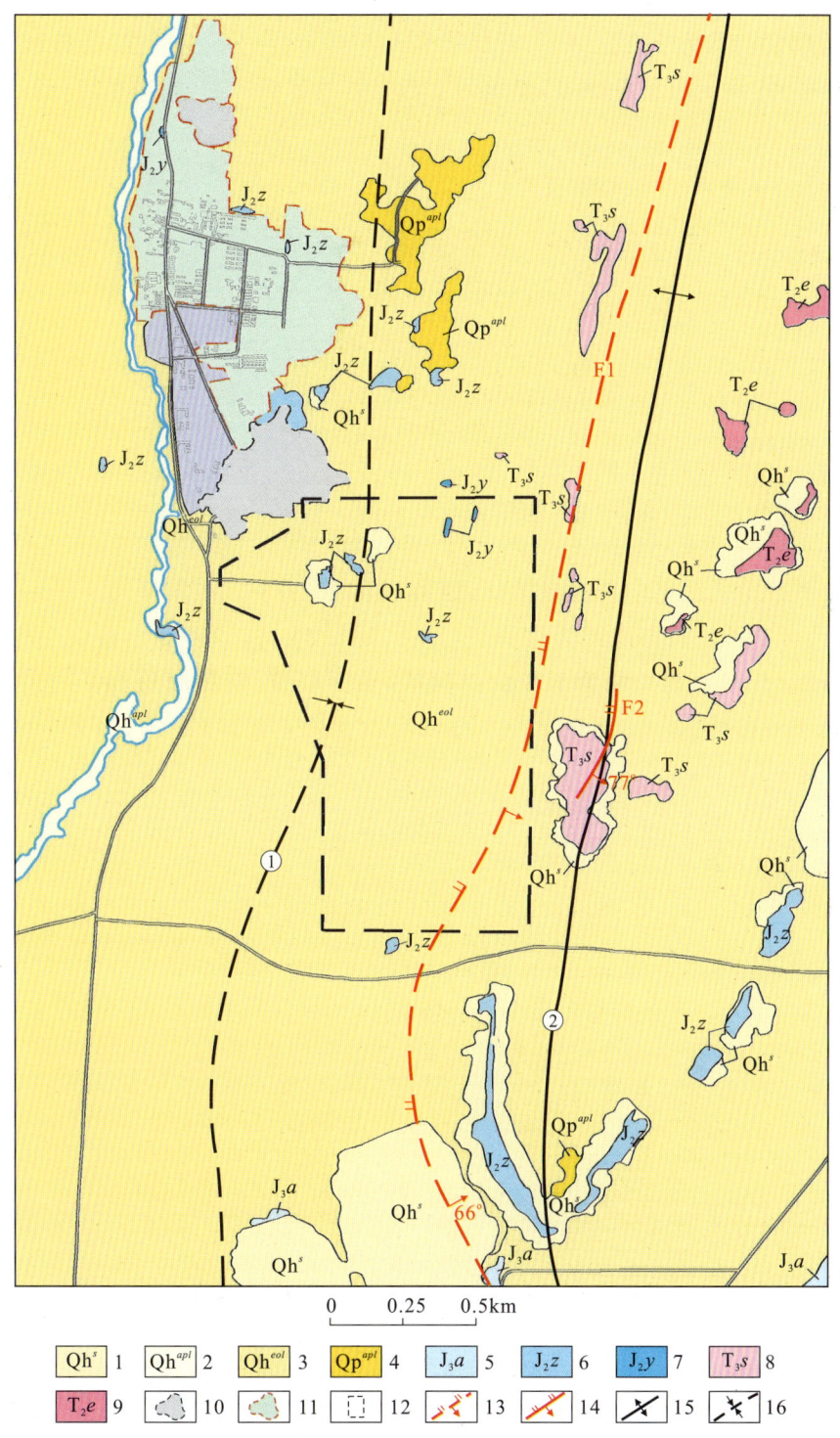

图 2-11 研究区构造纲要图

1.人工堆积;2.全新统冲洪积;3.风成沙;4.更新统冲洪积;5.安定组;6.直罗组;7.延安组;8.上田组;9.二马营组;10.煤矸石堆;11.废弃房屋;12.恐龙化石园区范围;13.实测逆断层;14.磁窑堡东逆断层;15.鸳鸯湖背斜;16.磁窑堡向斜

型断层，断层两侧出露地层为上三叠统上田组石英砂岩，两侧产状分别为265°∠12°、77°∠19°，断层面产状为121°∠79°。断层带宽1.5m，带内岩石变形强，为碎粒岩-碎粉岩化带。断面平直，面上可见摩擦痕，显示为上盘上升的运动方向，为逆断层（图2-13）。

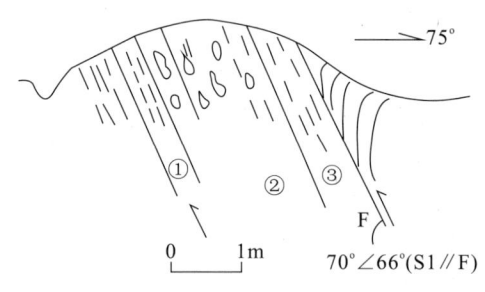 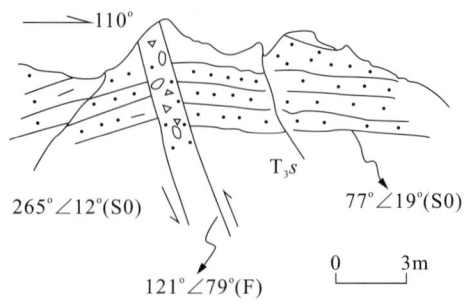

图2-12 D0385磁窑堡东侧F1逆断层　　　　图2-13 D0202 F2断层
①泥化带；②破碎岩化带；③强劈理化带

研究区展布的磁窑堡向斜向南倾伏，西翼倾角10°～30°，东翼倾角25°～45°，轴面东倾，横切面呈烟斗状。核部地层为直罗组（J_2z）、延安组（J_2y），两翼出露地层为二马营组（T_2e）、上田组（T_3s）。鸳鸯湖背斜为向南倾伏，轴面东倾，西翼倾角30°～60°，东翼倾角10°～30°，为不对称背斜。核部地层为二马营组（T_2e）、上田组（T_3s），两翼出露地层为直罗组（J_2z）、延安组（J_2y）。

第三章　灵武恐龙化石赋存地层特征

宁夏灵武恐龙化石埋藏条件的完整性为灵武恐龙化石赋存地层研究提供了有利条件,但灵武恐龙化石发掘以来,主要的研究集中于恐龙化石的形态学及分类学方面,而相关地质学研究内容较少。以往对恐龙化石赋存地层的确切层位有不同观点,最初古生物专家及地质学者认为中生界侏罗系延安组为恐龙化石赋存地层,近几年随着地质学者调查研究的不断深入,确定恐龙化石的赋存地层为直罗组。本章将通过露头观测、剖面测制和钻探工程等手段对化石赋存地层进行系统研究,并多方佐证灵武恐龙化石赋存于中侏罗统直罗组二段。

第一节　恐龙化石赋存地层宏观特征

恐龙化石赋存地层纵向研究工作主要通过地质剖面研究和钻孔工程来完成,其中恐龙化石赋存地层剖面(PM01)和恐龙馆东坡科研钻孔(科ZK01)是本书地层研究的重中之重。后续地层的岩石学、地球化学、沉积环境分析、古环境恢复等研究均紧紧围绕上述两项工作展开。

一、地质剖面研究

地质剖面研究主要围绕恐龙化石产出层位及周边进行,本书共报道埋藏地地质剖面4条,其中恐龙化石赋存地层剖面(PM01)地质现象丰富,对恐龙化石赋存层位研究意义重大;PM02剖面沉积构造现象丰富,为埋藏地地层沉积相分析提供了丰富的地质资料;PM03、PM04剖面以大套砂岩为主,产丰富的植物化石、双壳化石,进一步丰富了埋藏地古生物资料。

（一）灵武市宁东镇恐龙馆东坡恐龙化石赋存地层剖面(PM01)

"恐龙化石赋存地层剖面"(以下简称"剖面")位于恐龙化石遗址馆三号发掘坑正东约14m处(图3-1),为恐龙化石遗址馆建设阶段遗留下的基坑坡壁。2018年4—8月先后对"剖面"进行保护性清理(图3-2、图3-3)。在施工过程中新发现恐龙骨骼化石2处、伴生植物化石多处、沉积构造遗迹多处及安定组底部紫红色中细粒岩屑砂岩界面(图3-4、图3-5)。恐龙骨骼化石赋存于浅灰绿色细粒长石岩屑砂岩中,并与层理呈低角度斜交。

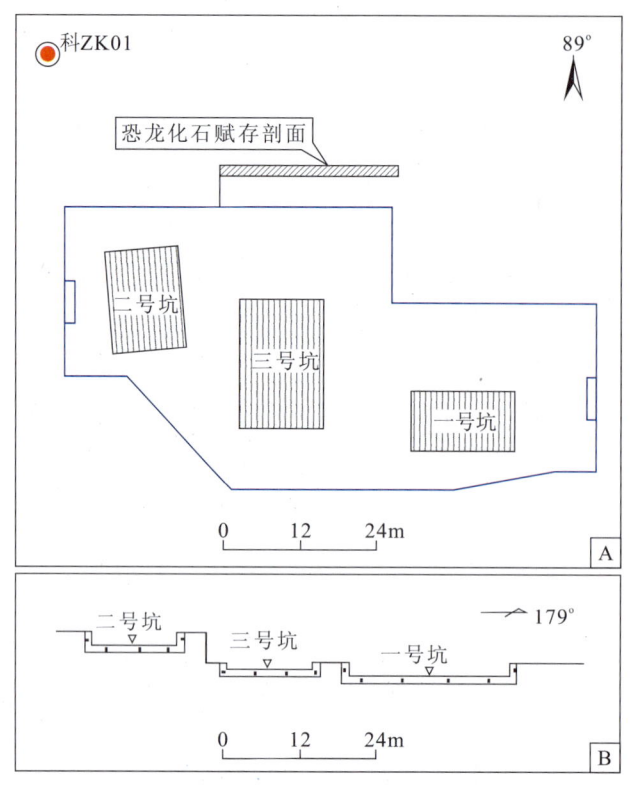

图 3-1 恐龙化石赋存剖面与发掘坑位置图
A. 发掘坑与恐龙化石赋存剖面位置平面图；
B. 发掘坑位置剖面图

图 3-2 剖面清理前

图 3-3 剖面清理后

"剖面"的清理工作除了遗迹的保护意义，更重要的是科学研究价值，以上诸多地质现象的发现，为灵武恐龙化石赋存于直罗组上部层位提供了最为直接的证据。

剖面位于灵武市宁东镇恐龙馆东坡，起点坐标：$X=4\,212\,570.78$，$Y=382\,048.11$，$H=1\,335.00$m；终点坐标：$X=4\,212\,547.96$，$Y=382\,054.62$，$H=1\,335.00$m。人工露头好，连续（图3-6）。

图 3-4　恐龙骨骼化石　　　　图 3-5　植物化石 *Neocalamites* sp.

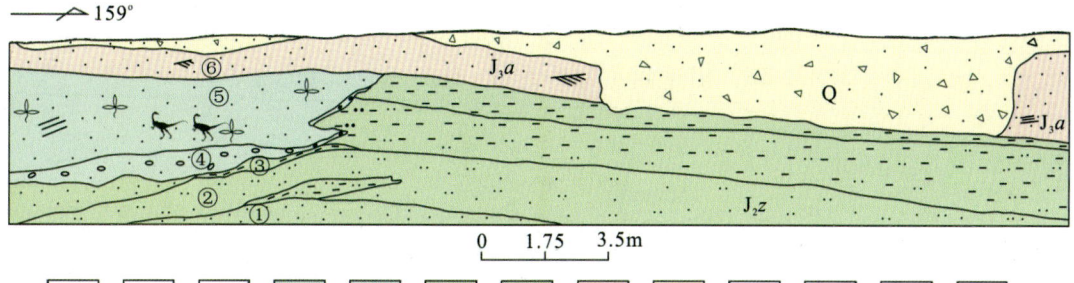

图 3-6　灵武市宁东镇恐龙馆东坡恐龙化石赋存地层剖面图

1. 第四系；2. 中侏罗统直罗组；3. 上侏罗统安定组；4. 河床滞留相砾岩；5. 河床边滩相砂岩；6. 河漫滩相泥岩；
7. 河漫滩相粉砂质泥岩；8. 安定组砂岩；9. 第四系残坡积；10. 恐龙骨骼化石产出点；
11. 植物化石产出点；12. 平行层理；13. 斜层理

上侏罗统安定组（J_3a）

(6) 浅紫红色厚层状细粒岩屑石英砂岩，发育板状交错层理。底部局部可见冲刷面，冲刷面之上发育厚 1～1.5m 的砾岩。　　　　　　　　　　　　　　　　　　　　　　0.70m

——————整合——————

中侏罗统直罗组（J_2z）　　　　　　　　　　　　　　　　　　　　　　　**>4.00m**

(5) 灰白色、浅黄褐色中细粒岩屑石英砂岩、灰褐色中粒岩屑石英砂岩、浅灰绿色粗粒岩屑石英砂岩组成的下粗上细的基本层序。自下而上为：①灰白色中细粒岩屑长石砂岩，厚 21cm；②浅黄褐色中细粒岩屑长石砂岩，厚 39cm；③浅灰绿色细粒长石岩屑砂岩，厚 10cm，产恐龙骨骼化石（*Lingwulong shenqi* gen. et sp. nov.）（图 3-4），长 40cm×高 8cm×宽 16cm，呈长柱状，与层理低角度斜插入岩层中，线理产状 186°∠26°，水平向北 1.2m 处见恐龙骨骼化石，大小 4cm×5cm；④灰褐色中细粒岩屑长石砂岩，厚 19cm，该层向南、北两侧尖灭；⑤浅灰褐色细粒长石岩屑砂岩夹浅灰绿色细粒岩屑长石砂岩，厚 40cm，产丰富的植物化石新芦木（未定种）*Neocalamites* sp.（图 3-5）；⑥浅灰绿色粗粒长石岩屑砂岩,厚20cm,底部含少量的长英质砾石,砾石粒径2～3mm,含量约5%,砂岩中发育平行层理;⑦浅灰绿色细粒长石岩屑砂岩,厚15cm,产植物化石新芦木(未定种)*Neocalamites* sp.,发育平行层理;⑧浅灰绿色砂岩,厚13cm,粒度向上逐渐变细,具粒序层理,产植物化石新芦木(未定种)*Neocalamites* sp.。 1.90m

(4)灰白色、灰紫色块状砾岩,向上粒度逐渐变细,砂质组分变多,与下伏泥岩冲刷接触。 0.70m

(3)灰绿色粉砂质泥岩。 0.20m

(2)灰绿色块状粉砂质细粒长石岩屑砂岩。 0.98m

(1)黄灰色中细粒长石岩屑砂岩,发育正粒序层理。未见底。 0.22m

(二)灵武市宁东镇磁窑堡洗煤厂北中侏罗统直罗组实测地层剖面(PM02)

剖面位于宁东镇磁窑堡洗煤厂北一带,即恐龙馆以北800m处,起点坐标:$X=4\ 213\ 222.42$,$Y=381\ 736.98$,$H=1\ 278.25$m;终点坐标:$X=4\ 213\ 432.90$,$Y=382\ 421.56$,$H=1\ 322.98$m。沿途露头较为连续,露头率50%(图3-7)。

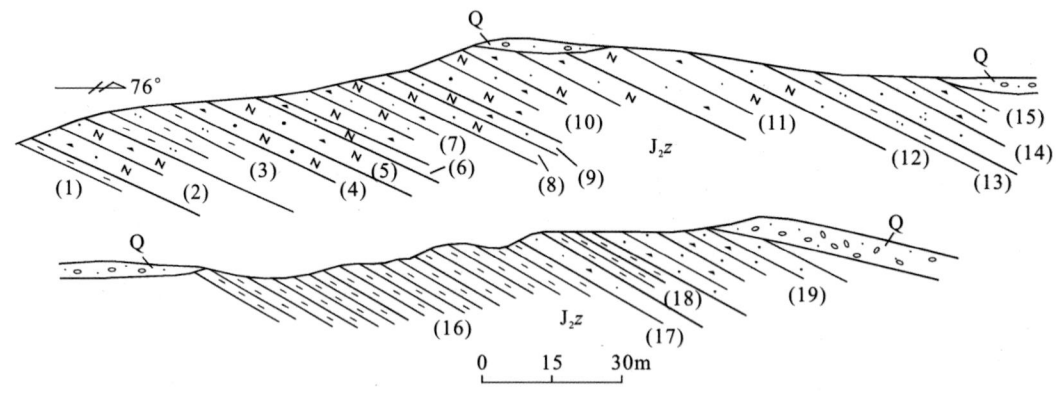

图3-7 灵武市宁东镇磁窑堡洗煤厂北中侏罗统直罗组实测地层剖面图

中侏罗统直罗组(J_2z) >71.10m

(19)浅紫红色中细粒岩屑砂岩,发育平行层理,未见顶。 7.80m

(18)灰绿色块状泥岩。 4.70m

(17)灰绿色、黄绿色中—厚层状细粒岩屑砂岩。 2.70m

(16)灰绿色块状泥岩。 12.30m

(15)紫红色薄—中层状中细粒岩屑砂岩,发育平行层理。 2.40m

(14)紫红色细粒长石石英砂岩与灰绿色泥质粉砂岩互层,砂岩与粉砂岩比例2:1,发育平行层理。 7.00m

(13)灰绿色粉砂质泥岩。 1.20m

(12)紫红色中—细粒岩屑长石砂岩,发育平行层理。 1.40m

(11)灰白色中厚层状钙质中细粒岩屑长石砂岩,发育平行层理。 1.20m

(10)灰白色粗粒—中细粒岩屑长石砂岩,自下而上呈正粒序层,发育正粒序层理。 4.50m
(9)紫红色中层状中粒岩屑长石砂岩,发育大型槽状交错层理。 3.30m
(8)灰白色中层状中粒岩屑长石砂岩,发育大型槽状交错层理。 2.70m
(7)紫红色中厚层状钙质细中粒岩屑长石砂岩,发育大型槽状交错层理。 1.50m
(6)灰白—紫红色厚层状中粒岩屑长石砂岩,发育板状交错层理。 0.90m
(5)紫红色中厚层状中粗粒岩屑长石砂岩,发育大型槽状交错层理。 2.30m
(4)灰白色厚层状粗粒岩屑长石砂岩,发育斜层理。 2.70m
(3)灰绿色块状含粉砂质泥岩。 6.10m
(2)紫红色中厚层状岩屑长石砂岩,发育平行层理。 4.80m
(1)灰绿色块状泥岩,未见底。 1.60m

(三)灵武市宁东镇磁窑堡南中侏罗统直罗组实测地层剖面(PM03)

剖面位于宁东镇磁窑堡南人工采石坑一带,即恐龙馆南东方向2km处,起点坐标：$X=4\ 210\ 681.78,Y=382\ 777.74,H=1\ 290.33m$。剖面沿途人工露头连续,露头规模小(图3-8)。

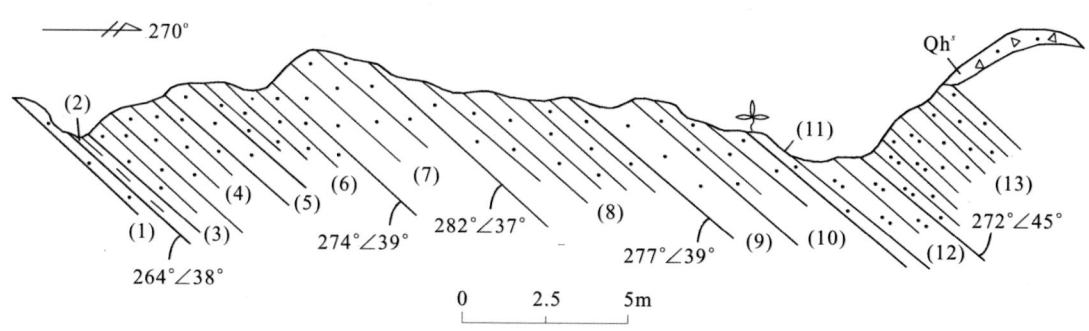

图3-8 灵武市宁东镇磁窑堡南中侏罗统直罗组实测地层剖面图

中侏罗统直罗组一段(J_2z^1) >18.89m
(13)褐灰色薄层状细—粉粒岩屑石英砂岩,未见顶。 2.91m
(12)灰黄—黄褐色薄层状粉砂岩。 2.21m
(11)褐灰色中层状粗粒岩屑石英砂岩,局部含砾石,产丰富植物化石新芦木(未定种)
Neocalamites sp.、石籽(未定种)Carpolithus sp.。 0.31m
(10)褐灰色薄—中层状细粒岩屑石英砂岩,发育虫迹,顶面发育舌形波痕。 1.69m
(9)褐灰色中厚层状细粒岩屑石英砂岩,发育平行层理、冲刷印模。 1.12m
(8)褐灰色中层状细粒岩屑石英砂岩,上部发育斜层理,偶见褐铁矿化斑点。 3.47m
(7)褐灰色巨厚层状细粒岩屑石英砂岩,下部发育平行层理,上部发育斜层理。 2.06m
(6)褐灰色中层状细粒岩屑石英砂岩与灰白色中层状细粒岩屑石英砂岩互层,发育平行层理。 1.76m

(5)灰黄—浅紫红色厚层状细粒岩屑石英砂岩,发育平行层理、舌形波痕。　　0.61m
(4)灰黄色中厚层状细粒岩屑石英砂岩,发育平行层理、波痕。　　　　　　1.41m
(3)灰黄色薄层状细粒岩屑石英砂岩,发育平行层理。　　　　　　　　　　0.86m
(2)灰黄—灰色页岩。　　　　　　　　　　　　　　　　　　　　　　　　0.24m
(1)灰黄色中层状细粒杂砂岩,发育舌形波痕,未见底。　　　　　　　　　0.24m

(四)灵武市宁东镇滚子梁东中侏罗统直罗组实测地层剖面(PM04)

剖面位于宁东镇滚子梁东人工采石坑一带,即恐龙馆南东方向 2.35km 处,起点坐标:$X=4\ 210\ 312.71, Y=382\ 768.34, H=1\ 293.95$m。剖面沿途露头好,连续,但露头规模小,剖面分两导线进行测制,第二导线向 185°方向平移 110m(图 3-9)。

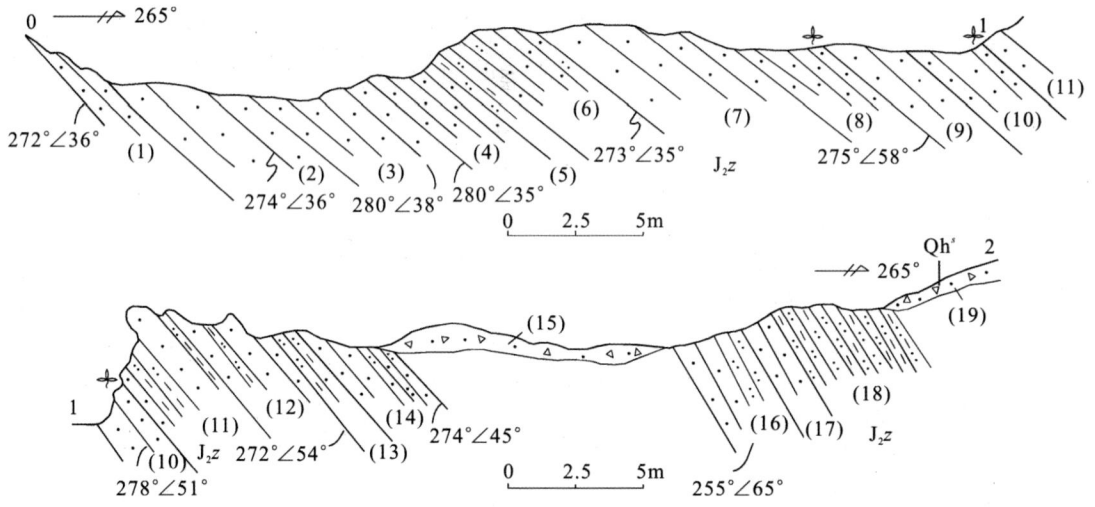

图 3-9　灵武市宁东镇滚子梁东中侏罗统直罗组实测地层剖面图

中侏罗统直罗组一段(J_2z^1)　　　　　　　　　　　　　　　　　　　>18.00m
(18)灰褐色薄层状泥质粉砂岩,未见顶。　　　　　　　　　　　　　　　3.40m
(17)灰褐色中层状细粒岩屑石英砂岩,发育波状交错层理。　　　　　　　1.60m
(16)下部为灰褐色中层状细—粉粒岩屑石英砂岩,上部为灰色粉砂岩。砂岩发育小型波状交错层理,粉砂岩发育水平层理。　　　　　　　　　　　　　　　　　　　2.90m
(15)残坡积物掩盖,推测为中层状细粒岩屑石英砂岩。　　　　　　　　　8.00m
(14)底部为绿灰色中层状细粒岩屑石英砂岩,上部为绿灰色薄层状细—粉粒岩屑石英砂岩。发育波痕、平行层理。　　　　　　　　　　　　　　　　　　　　　　2.00m
(13)绿灰色薄层状泥质粉砂岩。　　　　　　　　　　　　　　　　　　　0.80m
(12)由底到顶为杂砂岩、灰黄色粉砂质泥岩、中厚层状细粒岩屑石英砂岩,发育平行层理、大型槽状交错层理。　　　　　　　　　　　　　　　　　　　　　　　　3.10m
(11)细粒岩屑石英砂岩与粉砂质泥岩互层,发育斜层理、平行层理、波痕,砂岩顶面发育冲刷面。　　　　　　　　　　　　　　　　　　　　　　　　　　　　　　3.10m

(10) 底部为灰白色中层状细粒长石石英砂岩,中部为褐灰色厚层状细粒岩屑石英砂岩,上部为灰白色中层状细粒长石石英砂岩;该层顶部盛产植物化石新芦木(未定种)*Neocalamites* sp.,以植物茎、枝干为主,双壳化石纸氏"楔蚌"(比较种)"*Cuneopsis*" cf. *johanisboehmi* (Frech)。 2.50m

(9) 灰色厚层状细粒岩屑石英砂岩,发育平行层理。 2.50m

(8) 灰色块状中细粒岩屑石英砂岩与灰色中层状细粒杂砂岩互层,二者比例3∶1,砂岩中产植物化石。 2.50m

(7) 灰色块状中细粒岩屑石英砂岩夹灰色中层状细粒岩屑石英砂岩,发育平行层理。 4.00m

(6) 灰黄色薄—中层状细—粉砂岩,发育水平层理。 2.40m

(5) 灰黄色薄层状泥质粉砂岩,发育水平层理。 0.70m

(4) 灰色中厚层状细粒岩屑石英砂岩,发育平行层理。 1.80m

(3) 灰色中厚层状细粒岩屑石英砂岩,发育平行层理、波痕、虫迹。 3.00m

(2) 灰色块状细粒岩屑石英砂岩,发育平行层理、波痕,波痕显示古水流向335°,该层上部产丰富的植物化石,保存不完整,形成大量的化石印模。 3.10m

(1) 底部为灰黄色细粒杂砂岩,上部为灰色中厚层状细粒岩屑石英砂岩,发育平行层理、虫迹,未见底。 1.20m

以最新版的《宁夏回族自治区区域地质志》为基础,对岩性组合进行初步对比,显示赋恐龙化石地层岩性组合特征及岩石面貌异于延安组在磁窑堡一带出露的灰白色长石石英砂岩、灰—灰黑色粉砂岩、泥岩和煤层的组合特征,与安定组的以砖红色泥岩、粉砂质泥岩为主,夹灰白色中厚层钙质细粒长石石英砂岩及砖红色粉砂岩的岩性组合不同,而与区域上直罗组浅黄色、浅灰黄色、浅黄绿色厚—巨厚层(含砾)粗—细粒长石砂岩夹浅蓝灰色、灰黄色、黑色泥岩及砾岩的岩性组合和面貌特征较为一致。结合地质剖面上获得的化石测试成果,包括与恐龙化石伴生的植物化石,显示了埋藏地层时代为中侏罗世(J_2)。因此认为恐龙化石赋存于中侏罗统直罗组上部。

二、钻孔地质研究

受研究区基岩露头出露情况不佳的影响,直罗组地层的横向调查研究有所限制。为了更为系统地研究直罗组岩石学、地球化学等特征及直罗期以来的环境变迁,钻孔的垂向研究变得尤为重要,因此研究过程中组织实施了宁夏灵武恐龙地质公园科研钻孔——科ZK01号。

科ZK01钻孔位于灵武市宁东镇恐龙馆2号馆以东山坡(图3-1),孔口坐标:$X=4\,212\,601.72$,$Y=382\,071.92$,$H=1\,339.00m$。孔深201.44m,编录分层105层,室内合并分层33层,未见底。本次通过区域钻孔对比,取科ZK01钻孔以北东450m的1005钻孔12—28层组成具顶底板的直罗组综合柱状图(图3-10)。

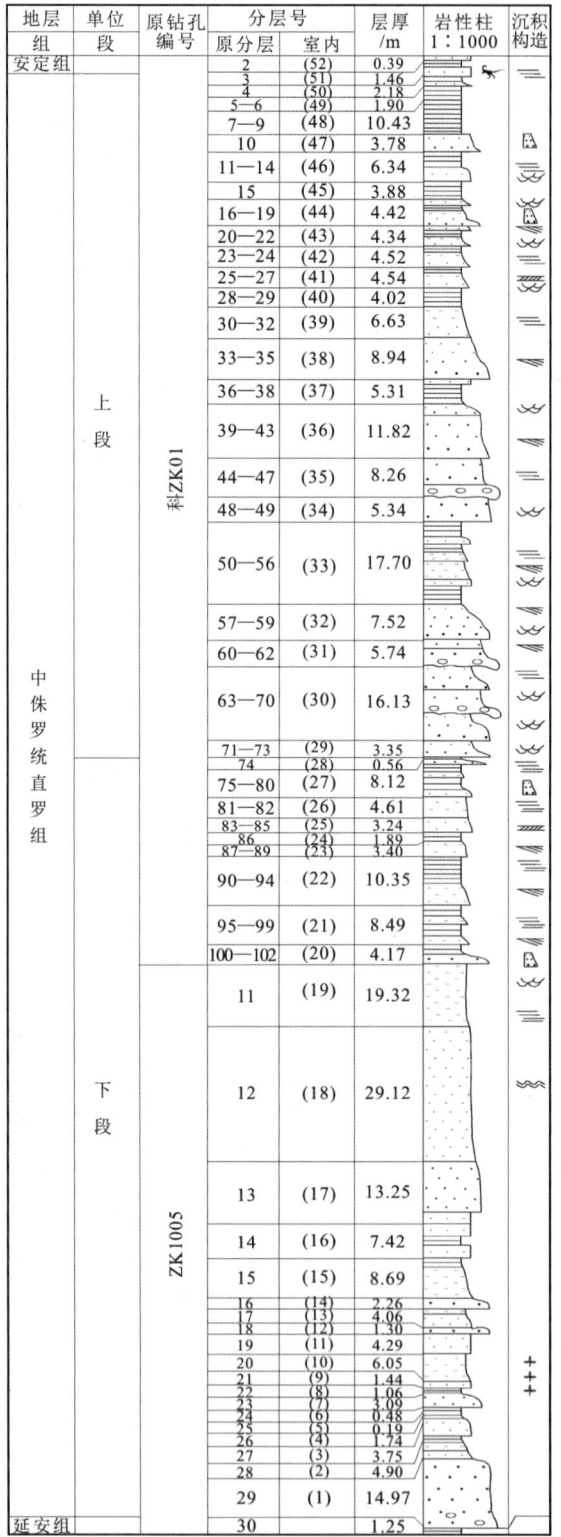

图 3-10 综合柱状图

上侏罗统安定组（J_3a） >0.39m

(52)紫红色块状含砾粗粒岩屑长石石英砂岩，其上为第四系。 >0.39m

——————————整合——————————

中侏罗统直罗组二段（J_2z^2） **148.55m**

(51)灰绿色块状泥岩。 1.46m

(50)以砂岩为主，上部为灰绿色粉砂岩，中部为紫红色细粒岩屑石英砂岩，底部为灰绿色粉砂岩，砂岩中发育平行层理。该层与恐龙化石发掘层位对应。 2.18m

(49)上部为灰绿色泥岩、粉砂质泥岩，下部为灰绿色细—粉砂岩、灰绿色细粒岩屑石英砂岩。 1.90m

(48)灰绿色、黄褐色、浅灰紫色块状泥岩、粉砂质泥岩夹少量粉砂岩。 10.43m

(47)灰黄色中细粒长石石英砂岩夹灰绿色泥岩、粉砂岩，砂岩中发育槽状交错层理、斜层理。 3.78m

(46)上部为灰褐色、灰绿色泥岩、粉砂质泥岩，中部为灰绿色粉砂岩，下部为灰绿色细粒岩屑石英砂岩。发育平行层理、槽状交错层理、斜层理。 6.34m

(45)蓝灰色块状泥岩夹粉砂质泥岩。 3.88m

(44)上部为灰绿色细粒岩屑石英砂岩，中部为蓝灰色泥岩与粉砂岩互层，下部为灰色中粒岩屑石英砂岩。发育水平层理、斜层理、粒序层理。 4.42m

(43)上部为灰绿色细粒岩屑石英砂岩，中部为蓝灰色块状泥岩、粉砂岩，下部为灰色细—中粒岩屑石英砂岩。发育水平层理、斜层理、槽状交错层理。 4.34m

(42)上部为棕灰色块状泥岩、粉砂岩，下部为紫红色细粒长石石英砂岩。发育水平层理、槽状交错层理、平行层理。 4.52m

(41)上部为灰绿色、灰紫色泥岩夹灰绿色泥质粉砂岩，下部为紫红色细粒长石石英砂岩。发育水平层理、板状交错层理、波状纹层、槽状交错层理。 4.54m

(40)灰绿色、紫红色、褐色块状泥岩，偶夹灰绿色细粒长石石英砂岩。 4.02m

(39)灰绿色、灰紫色泥岩、粉砂岩夹灰绿色细粒杂砂岩。发育水平层理、虫迹。 6.63m

(38)上部为灰绿色粉—细粒杂砂岩，下部为紫红色细—粗粒石英长石砂岩。发育粒序层理、斜层理、波状纹层、板状交错层理、槽状交错层理。 8.94m

(37)上部为灰绿色细粒杂砂岩，下部为灰绿色块状泥岩夹泥质粉砂岩。发育水平层理，见生物扰动。 5.31m

(36)上部为灰紫色、浅灰绿色细粒杂砂岩，下部为灰白色、浅紫红色中粗粒岩屑石英砂岩。发育槽状交错层理、斜层理、波状纹层、平行层理。 11.82m

(35)上部为浅紫红色、灰白色中粗粒石英砂岩，下部为灰绿色块状泥砾岩。发育斜层理，偶见煤线。 8.26m

(34)紫红色、浅紫红色、灰白色粗粒长石石英砂岩，底部见厚约1cm的砂砾岩。发育平行层理、槽状交错层理。 5.34m

(33)灰绿色块状泥岩、粉砂质泥岩与灰绿色细粒岩屑石英砂岩、灰色粉砂岩互层。常发育水平层理、斜层理、粒序层理。 17.70m

(32)上部为灰紫色细粒杂砂岩,中部为浅紫红色中粒长石石英砂岩,下部为灰白色粗粒长石石英砂岩。发育斜层理、平行层理。 7.52m

(31)上部为灰白色中粒长石石英砂岩,中部为紫红色中粗粒长石石英砂岩,下部为紫红色粗粒长石石英砂岩。发育斜层理、平行层理。 5.74m

(30)浅紫红色细粒杂砂岩、灰白色中粒长石石英砂岩、灰白色中粗粒长石石英砂岩构成的3个基本层序,偶夹滞留砾岩。发育槽状交错层理、平行层理、粒序层理。 16.13m

(29)灰紫色细—中粒岩屑石英砂岩,偶见泥砾石。发育槽状交错层理。 3.35m

——————————整合——————————

中侏罗统直罗组一段(J_2z^1) **172.21m**

(28)灰黑色煤线。 0.56m

(27)杂色块状泥岩与灰绿色粉砂岩、灰紫色细—粉粒杂砂岩互层。 8.12m

(26)以灰绿色粉砂岩为主,夹灰绿色块状泥岩、泥质粉砂岩。发育平行层理、块状层理。 4.61m

(25)浅灰绿色细粒岩屑石英砂岩。发育平行层理、斜层理、粒序层理、冲刷面。 3.24m

(24)灰绿色、棕色、黄绿色块状泥岩。 1.89m

(23)灰色、灰绿色粉砂岩、粉砂质泥岩。 3.40m

(22)上部为灰棕色块状泥岩、粉砂质泥岩,下部为灰绿色块状粉砂岩。发育平行层理、斜层理,见生物扰动痕迹。 10.35m

(21)灰绿色块状泥岩、粉砂质泥岩与灰绿色粉砂岩互层,偶夹灰黑色碳质泥岩。发育水平层理、波状纹层,见生物扰动痕迹。 8.49m

(20)上部为灰绿色块状泥岩、粉砂质泥岩,下部为灰绿色中粒岩屑石英砂岩、粗粒岩屑石英砂岩。发育粒序层理、平行层理。蕨类植物孢子:三角孢(未定种)*Deltoidospora* sp.,波缝孢(未定种)*Undulatisporites* sp.,凹边孢(未定种)*Concavisporites* sp.,小桫椤孢 *Cyathidites minor* Couper,1953,中等桫椤孢 *Cyathidites medicus* San et Jain,1964,南方桫椤孢 *Cyathidites australis* Couper,1953,桫椤孢(未定种)*Cyathidites* sp.,联合金毛狗孢 *Cibotiumspora juncta* (K.—M.) Zhang,1978;裸子植物花粉:双束松粉属(未定种)*Pinuspollenites* sp.,环圈克拉梭粉 *Classopollis annulatus* (Verbitzkaja) Li,1974,小克拉梭粉 *Classopollis minor* Pocock et Jansonius,1961,三角克拉梭粉 *Classopllis triangulus* (Zhang) Yu et Hen,1985,克拉梭粉(未定种)*Classopollis* sp.。 4.17m

(19)灰绿色、灰紫色粉砂质泥岩、粉砂岩夹灰绿色细粒杂砂岩。发育块状层理、槽状交错层理、波状纹层。未见底。 19.32m

(18)灰白色细砂岩,以石英为主,长石次之,具不明显的水平层理、波状层理。 29.12m

(17)灰绿色、灰白色中砂岩,以石英、长石为主,含白云母、暗色矿物,下部为灰白色细砂岩。 13.25m

(16)灰色、深灰色细砂岩夹紫色斑状粉砂质泥岩。 7.42m

(15)深灰色、灰绿色粉砂岩,含白云母,上部含紫色斑状泥岩。 8.69m

(14)灰色粗砂岩,长石为主,石英次之,分选较好,质较硬,上部含大量白云母及煤屑。 2.26m

(13)深灰色细砂岩,石英、长石为主,含白云母,分选较好,质较硬,上部见少量粉砂岩。

4.06m

(12)深灰色粗砂岩,石英、长石为主,含白云母、暗色矿物,分选好。　　　　1.30m

(11)深灰色、灰白色细砂岩,石英、长石为主,含白云母、暗色矿物,含植物化石。　4.29m

(10)灰色、灰绿色粉砂岩,具不明显的水平层理、波状层理,含大量植物化石碎片。

6.05m

(9)深灰色、灰色细砂岩,石英为主,含白云母、暗色矿物,含植物化石碎片。　1.44m

(8)灰绿色泥岩,含白云母及碳质,夹少量植物化石碎片。　　　　　　　　1.06m

(7)灰色中砂岩,石英为主,含白云母、暗色矿物,分选性好。　　　　　　3.09m

(6)灰黑色泥岩,含白云母、碳质。　　　　　　　　　　　　　　　　　0.48m

(5)黑色碳质泥岩,含白云母,夹煤线。　　　　　　　　　　　　　　　0.19m

(4)灰绿色、黑色泥岩,含白云母及少量煤屑,中部夹碳质泥岩。　　　　　1.74m

(3)灰色、灰白色细砂岩,石英、长石为主,含白云母、暗色矿物及少量煤屑。　3.75m

(2)灰色、瓦灰色粉砂岩,上部含泥岩,下部变为细砂岩。　　　　　　　　4.90m

(1)灰白色粗砂岩,石英为主,长石次之,次棱角状,分选性好,含有砾石。　14.97m

――――――整合――――――

中侏罗统延安组(J_2y):一煤,下未见底。　　　　　　　　　　　　**>1.25m**

据《宁夏回族自治区岩石地层》《宁夏回族自治区区域地质志》,直罗组现在定义为一套湿热气候条件下的河流相沉积,主要由灰绿—黄绿色长石石英砂岩、长石砂岩、粉砂岩、泥岩等组成,含植物及孢粉化石,并以黄绿色宏观色调和基本不含煤为特征与下伏延安组、上覆安定组相区别,区域上常以"一煤"作为直罗组与延安组的划分标志。通过钻孔地质研究,可以得出以下结论:①埋藏地层岩石宏观色调以灰绿色为主,异于延安组灰色和安定组紫红色;②钻孔现有大量槽状交错层理、斜层理等河流相沉积构造;③钻孔第20层产孢粉化石,时代为中侏罗世中晚期(巴通期至卡洛夫期);④底部出现"一煤";⑤顶部发育安定组紫红色砂岩。

这些特征与直罗组的原始定义、现在定义相同。因此,可以认为灵武恐龙化石产于直罗组,并位于上部层位,其时代为中侏罗世中晚期(巴通期至卡洛夫期)。

三、岩石地层单元综述

直罗组整合于中侏罗统延安组之上,与上覆上侏罗统安定组为连续沉积,局部为冲刷不整合。该组宏观上以灰绿色为代表色。

赵俊峰等(2007,2008)研究表明,直罗组旋回结构明显,不论在地层较厚的鄂尔多斯盆地西部还是较薄的东部,分别以2层较厚砂岩为底界,一般都可划分为2个由粗变细的正旋回,在盆地遍布某些露头或钻孔剖面上也可包含2个次级正旋回或岩性段。因此提出以较厚层砂岩为旋回底界标志,将直罗组划分为两段的二分方案。研究区直罗组也具有2个由粗变细的正旋回,多个次级正旋回,认为二分方案适用于研究区的地层研究。

各段岩石组合特征如下。

直罗组一段:上部为灰绿色、灰褐色细粒岩屑长石砂岩、长石岩屑砂岩与灰绿色泥岩、粉砂质泥岩、粉砂岩互层;中部以灰白色、褐灰色、黄绿色中厚层状细—中粒岩屑石英砂岩、长石岩屑砂岩为主,夹灰黄色泥页岩、粉砂岩、灰黑色碳质泥岩、粗砂岩,偶见煤线、煤屑,常产植物化石碎片;下部为灰白色中粗粒岩屑长石砂岩、含砾粗砂岩。常见平行层理、块状层理、槽状交错层理、波状纹层、波痕等,偶见生物扰动痕迹明显,发育虫迹,该段中部植物化石较为丰富,但保存不完整。

直罗组二段:上部为灰绿色、浅紫红色、褐色泥岩、粉砂质泥岩与灰绿色粉砂岩、中细粒岩长石岩屑砂岩、岩屑长石砂岩互层,常发育水平层理、平行层理、小型交错层理、板状交错层理、块状层理等,见虫迹;下部为紫红色、浅紫红色、灰白色细粒岩屑、长石砂岩、中粗粒岩屑长石砂岩、长石砂岩夹长石岩屑砂岩、灰绿色块状泥岩、粉砂岩,底部常见河床滞留相砾岩。发育平行层理、槽状交错层理、板状交错层理等沉积构造(图3-11—图3-17)。

图3-11 楔状交错层理

图3-12 槽状交错层理

图3-13 波痕(一)

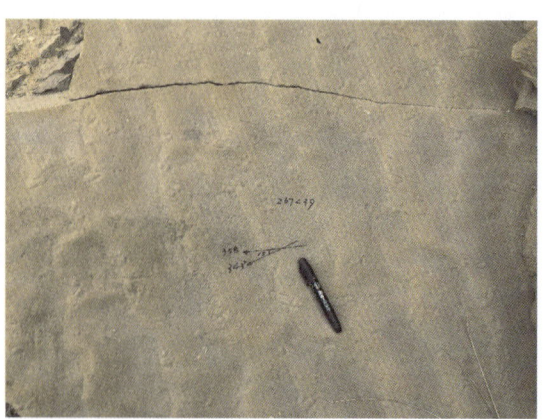

图3-14 波痕(二)

图 3-15 生物扰动

图 3-16 滞留相砾岩

图 3-17 平行层理及生物扰动

第二节 恐龙化石赋存地层岩石学特征

沉积岩的岩石学特征主要包括物质组分特征、结构构造特征及镜下特征。本节将灵武恐龙化石赋存层位直罗组砂岩的岩石学特征总结如下。

一、砂岩物质组分特征

(一)碎屑颗粒成分

直罗组二段砂岩碎屑颗粒含量为96.93%~98.97%,平均为98.05%。各样品砂岩的碎屑成分种类和特点差异较小,但其中部分样品碎屑颗粒含量为76.92%~78.13%,平均为77.79%(表3-1);直罗组一段砂岩碎屑颗粒含量一般为94.74%~98.84%,平均为97.47%,少部分含量为78.13%(表3-2)。

表3-1 直罗组二段砂岩成分统计表

序号	岩石地层	样品号	长石/%	石英/%	岩屑/%	杂基/%	胶结物/%	Q/(F+R)
1		科ZK01-10b1	52.08	41.67	5.21	1.04	0	0.73
2		科ZK01-13b1	46.39	36.08	15.46	2.06	0	0.58
3		科ZK01-15b1	31.25	31.25	36.46	1.04	0	0.46
4		科ZK01-19b1	41.67	20.83	15.63	1.04	20.83	0.36
5		科ZK01-23b1	46.88	26.04	26.04	1.04	0	0.36
6		科ZK01-26b1	71.43	20.41	5.10	1.02	2.04	0.27
7		科ZK01-35b1	40.82	25.51	30.61	2.04	1.02	0.36
8		科ZK01-35b2	51.02	30.61	15.31	2.04	1.02	0.46
9		科ZK01-39b1	36.08	25.77	15.46	2.06	20.62	0.50
10	直罗组二段	科ZK01-41b1	26.04	41.67	10.42	1.04	20.83	1.14
11		科ZK01-43b1	46.88	41.67	10.42	1.04	0	0.73
12		科ZK01-43b2	46.88	41.67	10.42	1.04	0	0.73
13		科ZK01-49b1	46.39	36.08	15.46	1.03	1.03	0.58
14		科ZK01-54b1	15.63	36.46	26.04	1.04	20.83	0.87
15		科ZK01-57b1	46.88	31.25	20.83	1.04	0	0.46
16		科ZK01-59b1	36.46	36.46	26.04	1.04	0	0.58
17		科ZK01-64b1	45.92	35.71	15.31	2.04	1.02	0.58
18		科ZK01-67b1	35.71	35.71	25.51	2.04	1.02	0.58
19		科ZK01-70b1	45.92	30.61	20.41	1.02	1.02	0.46
20		PM01(1)b1	31.25	36.46	31.25	1.04	0	0.58
21		PM01(4)b1	56.70	25.77	15.46	2.06	0	0.36
22		PM01(4)b2	46.39	30.93	20.62	2.06	0	0.46
23		PM01(4)b3	56.70	25.77	15.46	2.06	0	0.36
24		PM02(7)b1	20.83	52.08	5.21	1.04	20.83	2.00
25		PM02(11)b1	27.47	32.97	16.48	1.10	21.98	0.75
	最小值		15.63	20.41	5.10	1.02	0	0.27
	最大值		71.43	52.08	36.46	2.06	21.98	2.00
	平均值		41.99	33.18	18.02	1.45	5.36	0.61

注:鉴定成果中组分含量为区间,取低值再作加权平均。

第三章 灵武恐龙化石赋存地层特征

表 3-2 直罗组一段砂岩成分统计表

序号	岩石地层	样品号	长石/%	石英/%	岩屑/%	杂基/%	胶结物/%	Q/(F+R)
1	直罗组一段	科ZK01-75b1	45.92	35.71	15.31	1.02	2.04	0.58
2		科ZK01-80b1	46.39	30.93	20.62	2.06	0	0.46
3		科ZK01-94b1	25.77	25.77	46.39	2.06	0	0.36
4		科ZK01-98b1	30.93	30.93	36.08	2.06	0	0.46
5		科ZK01-102b1	41.24	41.24	15.46	1.03	1.03	0.73
6		科ZK01-105b1	10.42	52.08	15.63	1.04	20.83	2.00
7		PM03(4)b1	5.26	78.95	10.53	2.11	3.16	5.00
8		PM03(7)b1	10.20	71.43	15.31	2.04	1.02	2.80
9		PM03(10)b1	4.81	76.92	14.42	1.92	1.92	4.00
10		PM03(11)b1	5.15	82.47	10.31	2.06	0	5.33
11		PM04(1)b1	10.31	61.86	25.77	2.06	0	1.71
12		PM04(7)b1	11.63	75.58	11.63	1.16	0	3.25
13		PM04(10)b1	15.46	77.32	5.15	2.06	0	3.75
14		PM04(12)b1	36.08	36.08	25.77	2.06	0	0.58
15		*ZK1104B1	43.96	32.97	21.98	1.10	0	0.50
16		*ZK1104B2	48.91	32.61	16.30	2.17	0	0.50
最小值			4.81	25.77	5.15	1.02	0	0.36
最大值			48.91	82.47	46.39	2.17	20.83	5.33
平均值			24.53	52.68	19.17	1.75	1.88	2.13

注：鉴定成果中组分含量为区间，取低值再作加权平均，其中*ZK1104B1、*ZK1104B2为目估值。

石英端元(Q)含量：直罗组二段砂岩占碎屑总量的20.41%～52.08%，平均为33.18%，变化幅度相对较小；直罗组一段砂岩石英含量较高，占碎屑总量的25.77%～82.47%，平均值为52.68%，变化幅度较大，其中中部砂岩石英含量占碎屑总量最高，最高可达82.47%，底部"七里镇砂岩"石英含量占比平均值为32.79%。石英端元成分基本上为单晶石英，少见多晶石英、硅质岩岩屑。

长石端元(F)含量：以直罗组二段砂岩最高，占碎屑总量的15.63%～71.43%，平均为41.99%，含量差别较大，其成分基本上为长石矿物，以钾长石、酸性斜长石为主，二者含量相当；直罗组一段砂岩占碎屑总量的4.81%～48.91%，平均为24.53%，中部砂岩长石含量较低，下部砂岩长石含量变高，平均值为46.44%，其成分以钾长石、酸性斜长石为主，其中钾长石组分略高，总体显示自下而上有先减少后增加的趋势。直罗组二段及直罗组一段上部长石含量均较高，高于石英和岩屑含量，其中直罗组二段长石含量高达

71.43%,长石碎屑主要来自于花岗岩、花岗片麻岩,并且只有在短距离搬运、迅速埋藏的情况下,才能保存下来不被分解,因此长石碎屑的富集,指示近的花岗质物源区。

岩屑端元(R)含量:直罗组二段砂岩占碎屑总量的 5.10%~36.46%,平均为 18.02%;直罗组一段砂岩占碎屑总量的 5.15%~46.39%,平均为 19.17%。岩屑端元的成分种类多,以粉砂岩、黏土质粉砂岩、黏土岩等沉积岩屑为主体,流纹岩、安山岩等岩浆岩岩屑次之,偶见变质岩岩屑。

在砂岩碎屑颗粒体积百分比 QFR 分类图解(图 3-18A)中,直罗组二段砂岩整体较为集中,主要砂岩类型有长石砂岩、岩屑长石砂岩、少量的长石岩屑砂岩,总体表现为较高的长石含量;直罗组一段砂岩在图上整体较为分散,砂岩类型包括岩屑长石砂岩、长石岩屑砂岩、石英砂岩,自下而上长石含量具有增加趋势。与此同时,在砂岩碎屑颗粒个数百分比 QFR 分类图解(图 3-18B)中,直罗组二段砂岩更为集中,大部分落入岩屑长石砂岩区,小部分为长石砂岩;直罗组一段砂岩结果与前者相当,变化不大。因此直罗组砂岩碎屑颗粒不管是颗粒体积百分含量还是颗粒个数百分含量,结果都显示较高的长石含量。

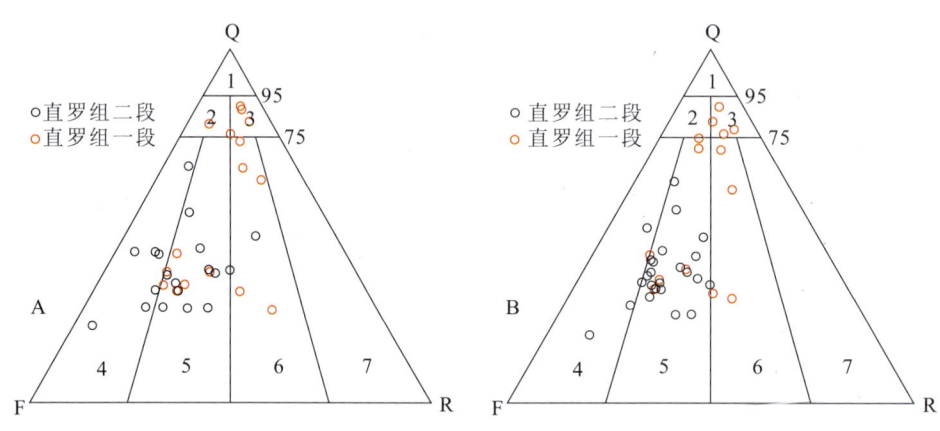

图 3-18 砂岩 QFR 分类图解

A. 碎屑颗粒体积百分比碎屑颗粒个数百分比;B. 碎屑颗粒个数百分比。
1. 石英砂岩;2. 长石石英砂岩;3. 岩屑石英砂岩;4. 长石砂岩;5. 岩屑长石砂岩;
6. 长石岩屑砂岩;7. 岩屑砂岩;Q. 单晶石英;F. 单晶长石;R. 岩屑(包括多晶石英碎屑)

大多数砂岩样品中均含有云母碎屑、绿泥石碎屑,其中云母碎屑以黑云母最为常见,直罗组二段砂岩碎屑颗粒统计平均含量为 3.50%,白云母碎屑少见,绿泥石碎屑颗粒统计平均含量为 0.47%;直罗组一段砂岩黑云母碎屑含量为 1.92%,绿泥石碎屑含量为 0.48%。其中绿泥石可能为黑云母绿泥石化而来,可见岩石中稳定的白云母含量少,而不稳定的黑云母富集,指示陆源区较近。常见副矿物为磁铁矿、锆石、磷灰石、电气石,次生矿物为绢云母、高岭石。

根据砂岩成分成熟度的判别方法,计算得出研究区直罗组砂岩成分成熟度,其中直罗组二段砂岩 Q/(F+R)比值为 0.27~2.00,一般为 0.40~0.70,平均值为 0.61,大部分小于 1，两件大于 1，表明直罗组二段砂岩成分成熟度低；直罗组一段砂岩 Q/(F+R)比值为 0.36~5.33，一般为 0.50~2.00，平均值为 2.13，其中一段上部平均值为 0.76，而中部砂岩平均值可达 3.30，显示自下而上砂岩成分成熟度有变低的趋势(图 3-19、图 3-20)。

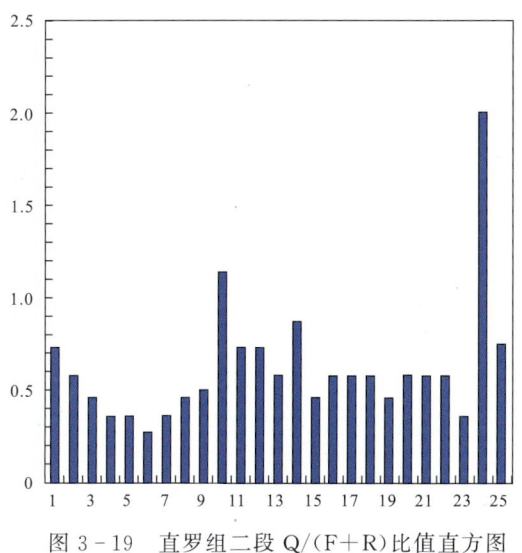
图 3-19　直罗组二段 Q/(F+R)比值直方图

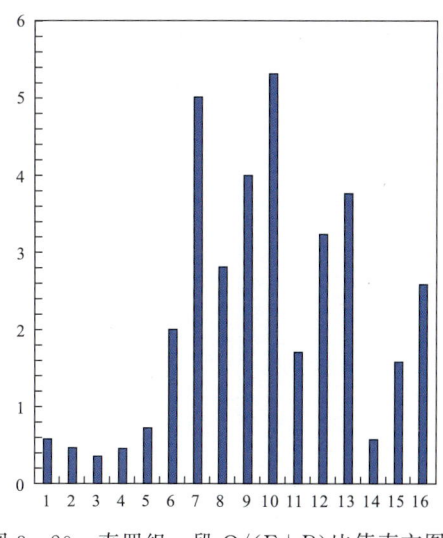
图 3-20　直罗组一段 Q/(F+R)比值直方图

(二)填隙物成分

填隙物成分均较低，其中直罗组二段砂岩填隙物成分大多介于 1.04%~3.06%之间，部分较高，可达 21.87%~23.08%，平均为 6.81%；直罗组一段填隙物成分介于 1.16%~5.27%之间，部分稍高，可达 21.87%，平均为 3.63%。

填隙物包括杂基和胶结物，研究区所有砂岩普遍含有杂基(表 3-3、表 3-4)，含量 1.02%~2.11%，均未超过 15%(>15%为杂砂岩)。杂基主要成分为黏土矿物，其次为微粒石英。砂岩中杂基均含黏土矿物，主要为细小鳞片状的绢云母。

砂岩中的胶结物主要为方解石钙质胶结物，不普遍发育，多数样品中不含有胶结物，但发育钙质胶结物的岩石，其含量一般较高，偶见硅质胶结物，胶结物含量一般为 1.02%~21.98%。

此外，在砂岩中普遍还有新生的绢云母、高岭石等矿物，分布于碎屑颗粒的空隙中，起着填隙的作用。

二、砂岩的结构特征

碎屑岩结构是指组成它的碎屑颗粒的特征，包括粒度、分选性、磨圆度、胶结方式特征。可以根据碎屑岩结构来确定搬运碎屑的沉积介质的性质，还可以据此确定它离源区的远近，以及盆地沉积介质的动力特征。

表 3-3 直罗组二段砂岩类型和填隙物成分

序号	标本号	砂岩类型	填隙物成分	层号	沉积环境
1	科 ZK01-10b1	中细粒长石砂岩	黏土杂基	10	堤岸
2	科 ZK01-13b1	细中粒岩屑长石砂岩	黏土杂基	13	堤岸
3	科 ZK01-15b1	细粒长石岩屑砂岩	黏土杂基	15	堤岸
4	科 ZK01-19b1	钙质细粒岩屑长石砂岩	主要为钙质胶结物,少量黏土杂基	19	堤岸
5	科 ZK01-23b1	中细粒岩屑长石砂岩	黏土杂基	23	堤岸
6	科 ZK01-26b1	含粗砂细中粒长石砂岩	钙质胶结物、黏土杂基	26	堤岸
7	科 ZK01-35b1	细中粒岩屑长石砂岩	主要为黏土杂基,少量钙质胶结物	35	河床
8	科 ZK01-35b2	(细砂质)中粗粒岩屑长石砂岩	主要为黏土杂基,少量钙质胶结物	35	河床
9	科 ZK01-39b1	钙质细粒岩屑长石砂岩	主要为钙质胶结物,少量黏土杂基	39	河床
10	科 ZK01-41b1	中粒岩屑长石砂岩	主要为钙质胶结物,少量黏土杂基	41	河床
11	科 ZK01-43b1	中粒长石砂岩	黏土杂基	43	河床
12	科 ZK01-43b2	粗中粒长石砂岩	黏土杂基	43	河床
13	科 ZK01-49b1	中粒岩屑长石砂岩	主要为黏土杂基,少量钙质胶结物	49	河床
14	科 ZK01-54b1	钙质细粒长石岩屑砂岩	主要为钙质胶结物,少量黏土杂基	54	堤岸
15	科 ZK01-57b1	中粒岩屑长石砂岩	黏土杂基	57	河床
16	科 ZK01-59b1	粗中粒岩屑长石砂岩	黏土杂基	59	河床
17	科 ZK01-64b1	中细粒岩屑长石砂岩	主要为黏土杂基,少量钙质胶结物	64	河床
18	科 ZK01-67b1	中细粒岩屑长石砂岩	主要为黏土杂基,少量钙质胶结物	67	河床
19	科 ZK01-70b1	细中粒岩屑长石砂岩	主要为黏土杂基,少量钙质胶结物	70	河床
20	PM01(1)b1	细粒长石岩屑砂岩	黏土杂基	1	河漫
21	PM01(4)b1	中粒岩屑长石砂岩	黏土杂基	4	河漫
22	PM01(4)b2	中粒岩屑长石砂岩	黏土杂基	4	河漫
23	PM01(4)b3	细粒长石岩屑砂岩	黏土杂基	4	河漫
24	PM02(7)b1	钙质细中粒岩屑长石砂岩	主要为钙质胶结物,少量黏土杂基	7	河床
25	PM02(11)b1	钙质中细粒岩屑长石砂岩	主要为钙质胶结物,少量黏土杂基	11	河床

表 3-4 直罗组一段砂岩类型和填隙物成分

序号	标本号	砂岩类型	填隙物成分	层号	沉积环境
1	科ZK01-75b1	细中粒岩屑长石砂岩	钙质胶结物、黏土杂基	75	河漫
2	科ZK01-80b1	中细粒岩屑长石砂岩	黏土杂基	80	河漫
3	科ZK01-94b1	细粒长石岩屑砂岩	黏土杂基	94	河漫
4	科ZK01-98b1	细粒长石岩屑砂岩	黏土杂基	98	河漫
5	科ZK01-102b1	粗中粒岩屑长石砂岩	主要为黏土杂基，少量钙质胶结物	102	河漫
6	科ZK01-105b1	钙质细粒长石岩屑砂岩	主要为钙质胶结物，少量黏土杂基	105	河漫
7	PM03(4)b1	细粒岩屑石英砂岩	黏土杂基、钙质胶结物、硅质胶结物	4	河床
8	PM03(7)b1	中细粒长石岩屑砂岩	黏土杂基、硅质胶结物	7	河床
9	PM03(10)b1	中粒岩屑石英砂岩	黏土杂基、钙质胶结物	10	河床
10	PM03(11)b1	细中粒岩屑石英砂岩	黏土杂基	11	河床
11	PM04(1)b1	细粒长石岩屑砂岩	黏土杂基	1	河床
12	PM04(7)b1	中细粒岩屑石英砂岩	主要为钙质胶结物，少量黏土杂基	7	河床
13	PM04(10)b1	中细粒长石石英砂岩	黏土杂基	10	河床
14	PM04(12)b1	中细粒岩屑长石砂岩	黏土杂基	12	河床
15	*ZK1104B1	粗粒岩屑长石砂岩	黏土杂基		河床
16	*ZK1104B2	粗粒岩屑长石砂岩	黏土杂基		河床

注：*ZK1104B1、*ZK1104B2 为园区 ZK1104 钻孔岩芯目估值。

（一）碎屑颗粒的结构

碎屑颗粒的大小称为粒度，粒度是以颗粒直径来度量的，粒度是碎屑岩进一步分类的依据，做好岩石的粒度分析将为下一步岩石学研究打下基础。本书研究将参照路凤香和桑隆康《岩石学》(2002年)的粒级划分标准（图 3-21）。

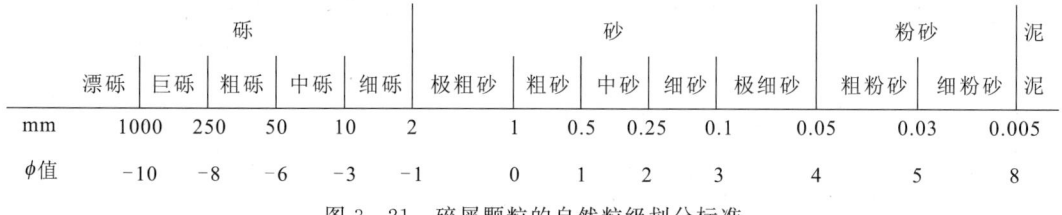

图 3-21 碎屑颗粒的自然粒级划分标准

(据路凤香和桑隆康，2002)

碎屑岩分选性判断有多种标准，菲赫特鲍尔(1959)提出过 S_0 ($S_0 = \frac{Q_1}{Q_3}$ 和 $S_0 = \sqrt{\frac{Q_1}{Q_3}}$) 的分级；福克和沃德(1957)及弗里德曼(1962)分别指出了对标准差 σ 的分级标准。本书采用菲赫特鲍尔(1959)的判别标准（表 3-5）。

表 3-5 碎屑岩分选性参照标准

菲赫特鲍尔(1959)			福克和沃德（1957）	弗里德曼（1952）	分选度
$S_0 = \dfrac{Q_1}{Q_3}$	$S_0 = \sqrt{\dfrac{Q_1}{Q_3}}$	分选度	σ 标准差		
1~1.5	1~1.23	很好	<0.35	<0.35	极好
>1.5~2	>1.23~1.41	好	0.35~0.5	0.35~0.5	好
>2~3	>1.41~1.74	中	0.5~0.71	0.5~0.8	较好
>3~4	>1.74~2	差	0.71~1	0.8~1.4	中等
>4	>2	很差	1~2	1.4~2	较差
Q_1 表示 25% 累积含量的粒径(mm)			2~4	2~2.6	差
Q_3 表示 75% 累积含量的粒径(mm)			>4	>2.6	极差

依据统计数据分析显示（表 3-6、表 3-7），研究区直罗组二段 25 件砂岩样片砂粒级以中砂级为主，平均占 43.98%，细砂次之，粗砂、粉砂级组分均较少，总体为一套细—中粒级砂岩；直罗组一段 16 件砂岩样品砂粒级以细砂为主，平均占 40.66%，中砂次之，粗砂、粉砂级组分均较少，总体为一套中细粒级砂岩，值得注意的是直罗组一段底部七里镇砂岩粗粒级可占到 40%~45%，为中粗粒砂岩的特征。

分析显示绝大多数砂岩碎屑颗粒的分选性以中等分选为主，分选好次之，少量分选较差（表 3-6、表 3-7），表明了砂岩整体分选中等—好，为中等分选，极个别为分选好或分选差。砂岩碎屑颗粒的磨圆度较差，以次棱角状为主，少量为次棱—次圆状，表明碎屑经过了短距离的搬运，沉积区离物源区较近。

（二）填隙物结构

在碎屑岩中，杂基和胶结物都可以作为碎屑颗粒间的填隙物，填隙物结构包括杂基结构和胶结物结构。研究区砂岩杂基成分均已重结晶，呈鳞片状结构，属正杂基，胶结物结构普遍不发育。

根据砂岩结构成熟度的判别标志，从岩石中黏土杂基含量、碎屑颗粒分选性和磨圆度可知，研究区砂岩的结构成熟度中等至较低，属次成熟至未成熟。

三、岩石镜下特征

从镜下观察直罗组岩石光薄片，直罗组二段中常见岩石类型主要有含细砂黏土质粉砂岩、钙质细砂粉砂岩、细粒长石岩屑砂岩及中细粒长石砂岩，岩石镜下的主要特征列述如下。

表 3-6 直罗组二段砂岩粒组组分及参数统计表

序号	样品号	粒度组分百分比/%									粒度参数						
		细砾	粗砂	中砂	细砂	极细砂	粗粉砂	细粉砂	黏土杂基	M_z	σ	S_k	K	$S_0 = \dfrac{Q_1}{Q_3}$	$S_0 = \sqrt{\dfrac{Q_1}{Q_3}}$
1	科 ZK01-10b1	0	0	20.37	68.15	8.61	0.70	0.18	2	2.35	0.51	1.24	6.74	1.49	1.22
2	科 ZK01-13b1	0.18	1.60	70.66	23.26	1.77	0.54	0	2	1.77	0.52	1.03	7.82	2.25	1.50
3	科 ZK01-15b1	0	0	3.24	74.40	16.09	2.27	0	4	2.73	0.49	0.79	4.74	1.58	1.26
4	科 ZK01-19b1	0	1.71	17.78	66.02	10.09	2.22	0.17	2	2.42	0.63	0.51	5.28	1.74	1.32
5	科 ZK01-23b1	0	0.69	39.30	53.50	3.98	0.52	0	2	2.11	0.48	0.95	6.85	1.72	1.31
6	科 ZK01-26b1	0	13.13	59.96	21.26	2.33	0.34	0	3	1.69	0.61	0.55	4.70	2.05	1.43
7	科 ZK01-35b1	0	0.51	64.50	23.19	5.59	1.70	0.51	4	2.00	0.67	2.06	8.73	2.11	1.45
8	科 ZK01-35b2	11.93	40.91	25.66	11.77	4.38	1.21	0.15	4	1.08	1.09	0.87	3.40	3.10	17.6
9	科 ZK01-39b1	0	0	9.51	34.65	51.63	2.04	0.17	2	2.95	0.62	-0.33	2.93	1.70	1.30
10	科 ZK01-41b1	0	2.42	92.61	3.46	0.34	0.17	0	1	1.38	0.34	2.60	18.01	1.78	1.33
11	科 ZK01-43b1	0	9.86	85.10	2.27	0.45	0.30	0	2	1.37	0.40	2.25	17.35	2.09	1.45
12	科 ZK01-43b2	0	21.21	75.23	2.22	0.34	0	0	1	1.27	0.42	0.42	5.74	3.01	1.73
13	科 ZK01-49b1	0	2.55	90.35	4.42	0.51	0.17	0	2	1.45	0.37	1.90	12.58	2.32	1.52
14	科 ZK01-54b1	0	0	4.76	53.51	36.93	1.48	0.32	3	2.94	0.55	0.33	4.66	1.82	1.35
15	科 ZK01-57b1	0	4.21	82.05	9.82	1.58	0.36	0	2	1.56	0.51	1.58	9.16	2.27	1.51
16	科 ZK01-59b1	0	22.22	68.92	5.17	0.51	0.17	0	3	1.30	0.46	1.54	8.39	2.05	1.43
17	科 ZK01-64b1	0	3.38	38.88	47.75	6.57	1.06	0.36	2	2.08	0.70	0.74	4.94	2.49	1.58
18	科 ZK01-67b1	0	0	27.62	61.64	6.21	0.34	0.17	4	2.26	0.49	1.25	6.99	1.60	1.26
19	科 ZK01-70b1	0	4.58	60.11	31.20	1.41	0.53	0.18	2	1.82	0.60	0.83	6.47	2.45	1.57
20	PM01(1)b1	0	0.51	3.09	29.69	60.93	3.77	0	2	3.16	0.58	-0.86	5.49	1.64	1.28
21	PM01(4)b1	0	6.79	23.51	39.40	27.48	1.82	0	1	2.44	0.89	-0.12	2.23	2.88	1.70
22	PM01(4)b2	0	2.09	31.38	45.86	15.34	3.31	0	2	2.34	0.78	0.35	2.86	2.70	1.64
23	PM01(4)b3	0.51	2.51	7.03	63.49	25.46	0	0	1	2.59	0.67	-0.94	5.50	2.10	1.45
24	PM02(7)b1	0	1.36	58.00	31.97	4.93	2.55	0.17	1	2.06	0.65	1.68	7.15	2.10	1.45
25	PM02(11)b1	0	1.27	39.94	39.47	14.52	3.79	0	1	2.27	0.87	0.51	2.71	4.00	2.00
	平均值	0.50	5.74	43.98	33.90	12.32	1.25	0.10	2.2	2.05	0.60	0.87	6.86	2.20	2.11

注:M_z. 粒度平均值(众数);σ. 标准偏差;S_k. 偏度;K. 峰态;菲赫特鲍尔(1959)提出的两种分选参数分级 $S_0 = \dfrac{Q_1}{Q_3}$ 和 $S_0 = \sqrt{\dfrac{Q_1}{Q_3}}$。

表 3-7 直罗组一段砂岩粒度组分及参数统计表

序号	样品号	粒度组分百分比/%									粒度参数						
		细砾	粗砂	中砂	细砂	极细砂	粗粉砂	细粉砂	黏土杂基	M_z	σ	S_k	K	$S_0=\dfrac{Q_1}{Q_3}$	$S_0=\sqrt{\dfrac{Q_1}{Q_3}}$
1	科 ZK01-75b1	0	4.35	69.66	21.25	1.39	0.34	0	3	1.76	0.51	0.76	6.91	2.13	1.46
2	科 ZK01-80b1	0	0	24.13	62.04	8.44	1.03	0.34	4	2.34	0.58	1.27	7.02	1.55	1.24
3	科 ZK01-94b1	0	0	6.66	52.95	21.53	13.15	1.71	4	3.01	0.81	0.81	3.40	1.88	1.37
4	科 ZK01-98b1	0	1.53	9.86	66.45	12.92	4.08	0.17	5	2.54	0.68	0.60	4.64	1.83	1.35
5	科 ZK01-102b1	0	22.11	68.82	6.19	0.71	0.18	0	2	1.28	0.54	0.69	5.91	3.18	1.78
6	科 ZK01-105b1	0	0	7.80	33.14	52.81	3.90	0.35	2	3.04	0.64	-0.37	3.90	1.85	1.36
7	PM03(4)b1	0	0	6.69	49.60	37.93	3.77	0	2	2.87	0.68	0.02	2.52	2.22	1.49
8	PM03(7)b1	0.17	0.17	42.06	48.04	8.03	0.51	0	1	2.17	0.61	0.36	4.05	2.35	1.53
9	PM03(10)b1	0	0	20.39	58.22	17.45	2.94	0	1	2.51	0.67	0.48	3.28	2.20	1.48
10	PM03(11)b1	0	9.68	50.47	30.94	6.91	0	0	2	1.84	0.71	0.32	2.89	2.89	1.70
11	PM04(1)b1	0	0	0.35	25.41	68.34	5.09	0.18	1	3.31	0.46	0.13	3.50	1.31	1.14
12	PM04(7)b1	0	0	40.75	52.13	6.11	0	0	1	2.12	0.51	0.57	3.59	2.15	1.47
13	PM04(10)b1	0	0.16	21.96	65.57	10.66	0.64	0	1	2.39	0.54	0.73	4.01	2.03	1.42
14	PM04(12)b1	0	1.55	19.67	48.64	27.25	1.90	0	1	2.57	0.72	0.01	2.67	2.11	1.45
15	*ZK1104B1	8	45	25	15	5	2	0	0						
16	*ZK1104B2	10	40	25	15	7	3	0	0						
	平均值	1.14	7.78	27.45	40.66	18.28	2.66	0.17	1.88	2.41	0.62	0.45	4.16	2.12	1.45

注:M_z.粒度平均值(众数);σ.标准偏差;S_k.偏度;K.峰态.菲赫特鲍尔(1959)提出的两种分选参数分级 $S_0=\dfrac{Q_1}{Q_3}$ 和 $S_0=\sqrt{\dfrac{Q_1}{Q_3}}$;ZK1104B1、ZK1104B2 为园区 ZK1104 钻孔岩芯目估值。

1. 含细砂黏土质粉砂岩

岩石主要由砂级碎屑、黏土质组成。粉砂级碎屑45%～50%,细砂级碎屑5%～10%,黏土质45%～50%。砂级碎屑为长石、石英、岩屑,大小一般为0.01～0.03mm,杂乱分布。长石为斜长石及钾长石,岩屑为硅质岩,常见云母及绿泥石碎屑。黏土质呈细小鳞片状、星散状、填隙状分布。岩石具含细砂泥质粉砂状结构,块状构造。可见磁铁矿、锆石、磷灰石等副矿物(图3-22)。

2. 钙质细砂粉砂岩

岩石主要由砂级碎屑、黏土质、钙质胶结物组成。粉砂级碎屑45%～50%,细砂级碎屑30%～35%,黏土质1%～5%,钙质胶结物20%～25%。砂级碎屑为长石、石英、岩屑,大小一般为0.01～0.05mm(粉砂,棱角状),杂乱分布。长石为斜长石及钾长石,岩屑为硅质岩,常见云母碎屑。黏土质呈细小鳞片状、星散状、填隙状分布。钙质胶结物为方解石,呈他形粒状,大小一般为0.01～0.05mm,填隙状分布。岩内可见缝合线,呈波状—齿状,内有不透明矿物分布。岩石具细砂质粉砂状结构,缝合线构造。可见磁铁矿、锆石、磷灰石、电气石等副矿物,绢云母、高岭石、不透明矿物等次生矿物(图3-23)。

图3-22 科ZK01-12b1 含细砂泥质粉砂岩　　　图3-23 科ZK01-7b1 细砂粉砂岩

3. 细粒长石岩屑砂岩

岩石主要由砂级碎屑、填隙物组成。砂级碎屑:长石30%～35%、石英30%～35%、岩屑35%～40%,填隙物黏土杂基1%～5%。砂级碎屑为长石、石英、岩屑,次棱角状为主,少次棱—次圆状,大小一般为0.1～0.25mm,杂乱分布。长石为斜长石及钾长石,岩屑为变质黏土岩、变质粉砂岩及硅质岩、绿泥石蚀变岩,并可见云母碎屑、绿泥石碎屑,填隙物为黏土杂基。岩石为细粒砂状结构,块状构造。可见磁铁矿、锆石、磷灰石等副矿物,绢云母、高岭石、不透明矿物等次生矿物(图3-24)。

4. 中细粒长石砂岩

岩石主要由砂级碎屑、填隙物组成。砂级碎屑：长石 50%～55%、石英 40%～45%、岩屑 5%～10%，填隙物黏土杂基 1%～5%。砂级碎屑为长石、石英、岩屑，次棱角状为主，少次棱—次圆状，大小一般为 0.05～0.25mm（细砂），杂乱分布。长石为斜长石及钾长石，岩屑为硅质岩、粉砂岩。岩石具中细粒砂状结构，块状构造。可见磁铁矿、锆石、磷灰石、黝帘石等副矿物，绢云母、高岭石、不透明矿物等次生矿物（图 3-25）。

图 3-24　科 ZK01-15b1 细粒长石岩屑砂岩　　　　　图 3-25　中细粒长石砂岩

四、恐龙砂岩特征

灵武恐龙化石赋存于直罗组二段上部一套灰白色、浅黄褐色、灰褐色、浅灰绿色中细粒岩屑长石砂岩，简称恐龙砂岩（PM01 剖面中第 5 层），底部可见灰白色、灰紫色块状砾岩，与下伏泥岩冲刷接触。恐龙砂岩向四周延伸，可知在地层剖面上厚约 2.6m，一号坑厚 1m，二号坑厚约 2m，具有向南、向东减薄尖灭趋势，以北、以西为剥蚀区，由此可见，恐龙砂岩呈透镜体状出露，且规模可能并不大。

恐龙砂岩在岩石学上有如下特点：

(1) 岩性上为中细粒岩屑长石砂岩，粒径一般为 0.05～0.25mm，少量为 0.25～0.50mm，颗粒支撑，分选程度中等（S_0 为 2.70～2.88），砂粒圆度以次棱角状为主（图 3-26）。砂岩碎屑颗粒含量占 97.93%，填隙物主要为黏土杂基和绢云母、高岭石鳞片状次生矿物，黏土杂基含量 1%～5%，砂岩成分成熟度 Q/(F+R) 值为 0.58，粒度标准偏差 σ 为 0.78～0.89，均显示成分成熟度偏低。总之，该砂岩成分成熟度和结构成熟度均不高。

(2) 砂岩的概率粒度累积曲线呈两段型，由跳跃和悬浮两个总体组成，缺乏滚动总体，跳跃总体的含量相对较高（80.97%～86.30%），斜率分别为 57.0°～63.2° 和 46.5°～50.0°，交截点 S 点为 (2.75～3.70)ϕ（图 3-27），上述特点反映水流稳定，从而形成河道沉积。

图 3-26 恐龙砂岩镜下特征

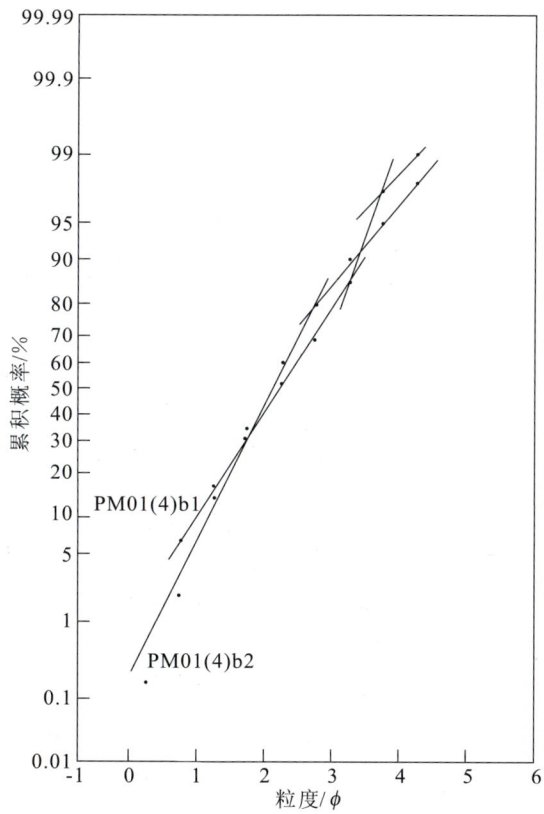

图 3-27 恐龙砂岩概率累积曲线

在恐龙化石赋存剖面上,恐龙砂岩围岩为大套的灰绿色泥岩、粉砂岩,并与上覆安定组河湖相浅紫红色厚层状细粒岩屑石英砂岩为整合接触,具有河道沉积的特点。

第三节　地层横向变化及对比

通过上述地层的纵向研究，包括岩石组合与直罗组现在定义的对比、上覆地层接触界面及剖面和钻孔获得成果，可以确定恐龙化石赋存于直罗组，且其时代为中侏罗世中晚期。现将通过本书形成的园区地质剖面、钻孔资料与直罗组次层型（离研究区较近）、区域其他钻探资料综合对比，进一步分析其赋存层位的准确性，查明地层的区域变化。

直罗组由王尚文1950年命名的直罗统沿革而来（直罗统→直罗组）。1950年王尚文将原瓦窑堡煤系上部分出命名为直罗统。1951年李德生将直罗统改称为直罗组沿用至今。正层型为陕西富县葫芦河剖面，次层型为贺兰山北段内蒙古阿拉善左旗木葫芦沟剖面。区域上，本组由黄绿色调碎屑岩、泥岩组成，且基本不含煤层。自西向东，由二道岭（厚度317m）至木葫芦沟（厚度373.4m），厚度有逐渐增大的趋势。贺兰山南段内蒙古阿拉善左旗双圈一带，本组出露厚度832.5m，下部以灰—深灰色、灰黄色、黄绿色厚层中—粗粒长石石英砂岩、中粒长石砂岩为主，夹有泥质长石砂岩、钙质长石砂岩等，局部地段及底部夹有少量砾岩、砂砾岩透镜体；上部以灰—灰白色、灰绿色、灰黄色泥质长石石英砂岩、钙质长石石英砂岩及泥质长石砂岩为主，夹少量灰—灰黑色页岩、绿灰色页岩、粉砂岩及砂砾岩等；顶部为紫红色、杂色粉砂岩和钙质石英砂岩；与上覆安定组呈平行不整合接触。

灵武—盐池地区地表露头少，盐池高沙窝高一井厚度356m，以浅灰—绿灰色细粒砂岩、砂质泥岩和泥岩为主，底部为粗砂岩夹砂砾岩，顶部为浅蓝灰—蓝灰色泥岩与细砂岩互层。研究区直罗组基岩露头主要分布于恐龙馆北部磁窑堡洗煤厂和南部采石场一带，基岩露头少，多被大面积的第四系掩盖，研究区以北为直罗组剥蚀区，第四系出露厚一般约1~15m，以ZK1006钻井覆盖最厚可达12.2m，直罗组常不见顶。研究区内以恐龙馆处出露最薄，一般厚约0.5m，局部可见基岩露头，向南一般厚2~12.8m。研究区南外围第四系覆盖较厚，一般厚10~80m，最厚处可达89.1m（据钻井1611）；研究区以西为直罗组剥蚀区，第四系覆盖严重，厚约1~10m。第四系在研究区总体出露具北薄南厚、东西向变化不大的特征（图3-28）。

据研究区及外围直罗组底板等高线显示，直罗组底板以北高程一般为900~1350m，以研究区为中心向南递减，最低高程316.67m，南北高差近千米，可推算出地层向南倾伏角约7°。直罗组底板高程总体为北高南低，东西向上两侧高、中间低，整体为向南倾伏的向斜——磁窑堡向斜（图3-29），与露头观测相一致，研究区正处于向斜核部产状变缓区域，西为一小型背斜。

区域钻井和露头分析表明，直罗组旋回结构明显，在区域上分别以2层较厚的砂岩为底界，即"七里镇砂岩"和"高桥砂岩"，一般都可划分为2个由粗变细的正旋回（赵俊峰等，2007）。通过岩石地层的区域对比，研究区直罗组两段式特征明显，与直罗组次层型剖面

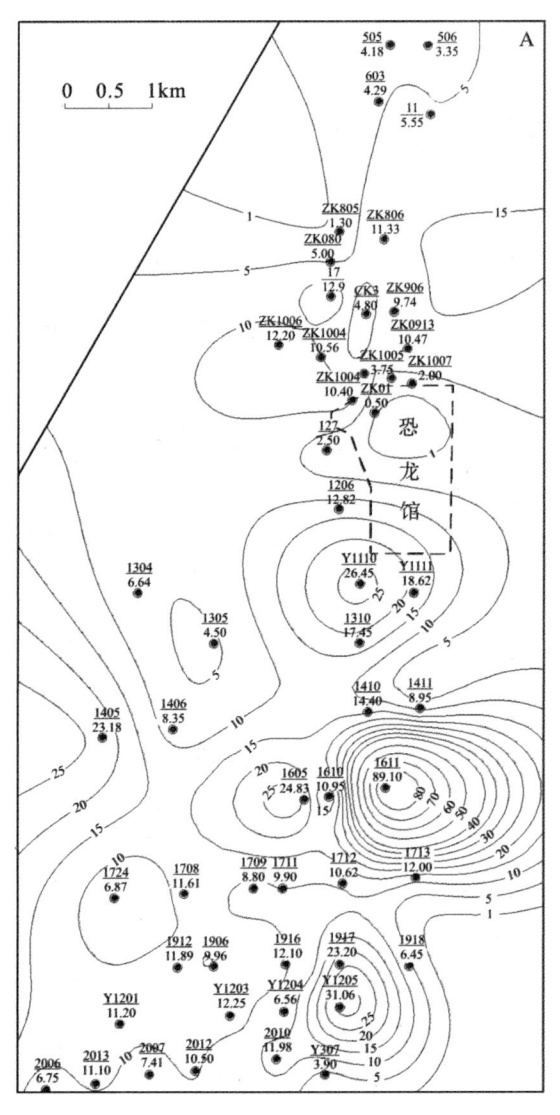
图3-28 第四系等厚线图(单位:m)

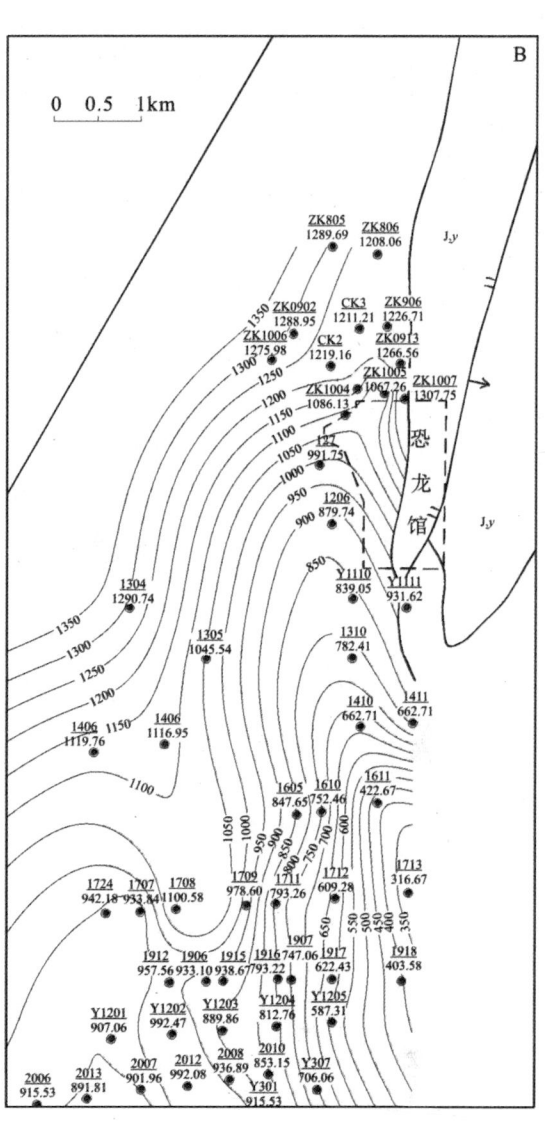
图3-29 直罗组底板等高线图(单位:m)

或研究区及外围相关钻孔资料一致。研究区以北为直罗组剥蚀区,常不见顶,在磁窑堡一带直罗组厚度68.70～261.13m,向南逐渐可见上覆安定组出露,直罗组厚度齐全,约254.72～320.35m,与次层型剖面相当(图3-30)。其中"高桥砂岩"在研究区以北出露厚度较薄,研究区出露较厚,可达32.74m,向南有所起伏,但总体具变薄之势;研究区以北"七里镇砂岩"出露厚度较薄,厚度一般为10～20m,在研究区出露厚仅为6.6m(据ZK1104钻井),向南出露厚度逐渐变大,厚度一般20～60m,研究区内以南采石场出露的基岩厚度约48.6m,区外甚至可达68.8m(据Y310钻井)(图3-31)。通过44个钻孔砂岩累计厚度进行统计,显示砂岩含量百分比向北西方向逐渐增加,向南东方向砂岩含量逐渐变薄(图3-32)。

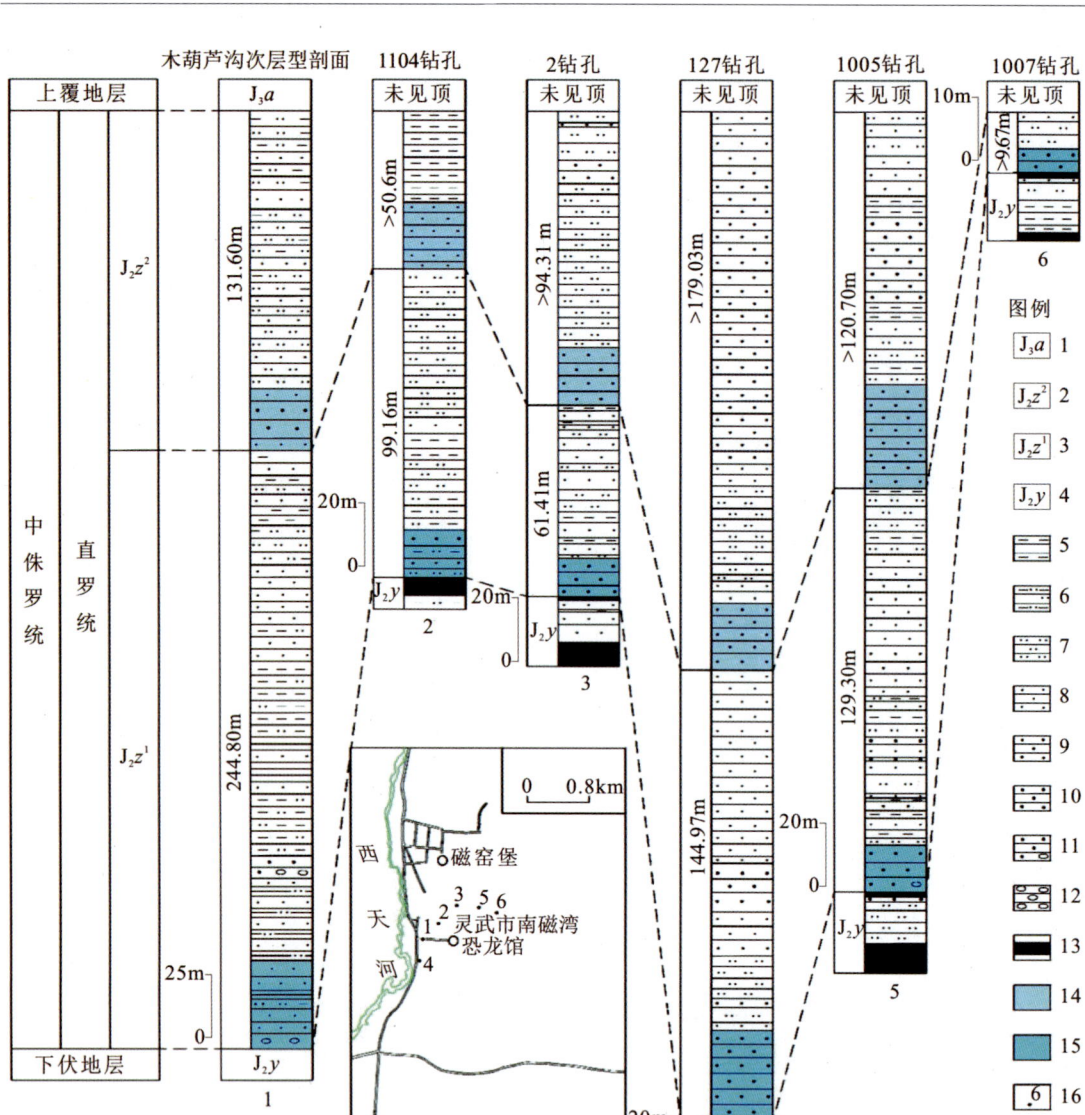

图 3-30 直罗组柱状剖面对比图

1. 上侏罗统安定组；2. 中侏罗统直罗组二段；3. 中侏罗统直罗组一段；4. 中侏罗统延安组；5. 泥岩；6. 粉砂质泥岩；
7. 粉砂岩；8. 细砂岩；9. 中砂岩；10. 粗砂岩；11. 含砾粗砂岩；12. 砾岩；13. 煤层；14. "高桥砂岩"；
15. "七里镇砂岩"；16. 钻孔位置及编号

除了上述岩石宏观特征的变化外，在微观的岩石学特征也存在一定的变化规律。首先表现在岩石的成分成熟度，恐龙化石赋存剖面砂岩长石含量较高，石英含量偏低，其成熟度 Q/(F+R) 比值平均值为 0.44，成分成熟度低，南至恐龙馆南部采石场砂岩以石英组分为主，含量变高，其成熟度 Q/(F+R) 比值平均值可达 3.3，成分成熟度高，同时砂岩胶结物向南变少，整体显示向南砂岩的成分成熟度逐渐变高；其次表现在结构成熟度，虽然

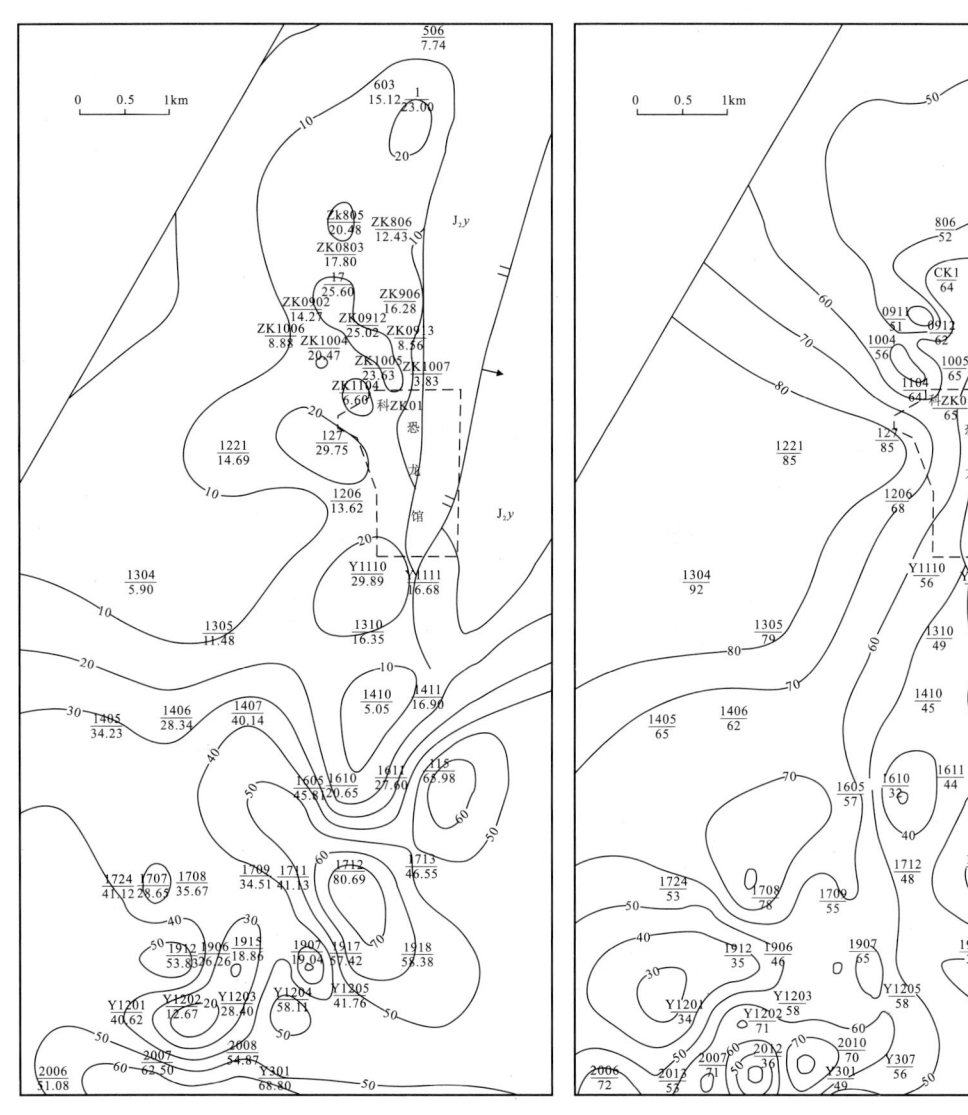

图 3-31 "七里镇砂岩"等厚图　　　　图 3-32 直罗组砂岩含量百分比图

砂岩颗粒整体磨圆度均较差,多为次棱状,但在分选度上稍有变化,恐龙馆砂岩分选度 S_0 为 2.2,采石场砂岩分选度 S_0 为 2.15,显示南部砂岩分选较北部好。因此在砂岩的成熟度上,研究区南部砂岩好于研究区及研究区北部砂岩。

第四章 直罗组地球化学特征及地质意义

碎屑沉积岩记录了源岩的成分特征、物源区古化学风化条件和大地构造背景等方面的信息。对细碎屑沉积物地球化学特征的研究表明,稀土元素以及某些微量元素能够有效地指示地质作用过程、物源区特征、大地构造背景以及物源区古化学风化特征。

陆相盆地中沉积岩的化学成分受沉积时的物质来源及构造环境条件影响,不同条件下形成的沉积岩的地球化学特征有明显区别。自20世纪80年代以来,地球化学家、地质学家和地理学家一直在研究以岩石为研究对象,以常量元素、微量元素(包括稀土元素)、稳定同位素地球化学为研究手段,来反演物质来源和源区构造特征,并积累了大量的资料,因此运用地球化学指标来反演地质作用过程、物源区特征、大地构造背景以及物源区古化学风化特征具有较好的理论基础。具有指示意义的地球化学指标较多,如微量元素变化特征,某些特征元素的富集和亏损,有机质含量高低等,不同指标对物源属性及构造环境等内容指示意义不同,灵敏性也有区别。

砂岩岩石地球化学成分在判别大地构造背景方面的研究也已经取得了一些进展,并被广泛地应用在物源区分析方面。而泥岩粒度上的均一性、沉积期后的不渗透性和较高的微量元素丰度等优点,也适合用来追溯物源区性质和判别其构造背景。尽管地球化学成分受母岩、化学风化、搬运和沉积过程的分选以及埋藏后成岩作用等因素的影响,但这些微量元素的相对稳定性表明它们仍然能够指示物源区性质。

第一节 直罗组主微量元素及稀土元素特征

一、样品采集与分析

本节研究主要分析直罗组主微量元素及稀土元素地球化学特征,共采集16件直罗组砂岩、泥岩样品,采集地点为灵武市国家地质公园科ZK01钻孔岩芯及恐龙化石赋存剖面。16件样品均为新鲜、受后期成岩作用影响小的泥岩、粉砂质泥岩、砂岩样品,这样可以更好地去挖掘物源信息。

所有样品的常量元素、微量元素和稀土元素测试均在武汉上谱分析科技有限责任公司实验室完成。常量元素采用X射线荧光光谱仪分析,测试结果见表4-1。稀土元素和微量元素测试采用等离子体质谱仪(ICP-MS)进行,测试的样品均采用国际标样AGV-2、BHVO-2、BCR-2、BGM-2作为标准,测试结果分别见表4-2、表4-3。

表 4-1 直罗组沉积物常量元素含量(%)、CIA 校正计算及 ICV 值

岩性	样品名称	SiO$_2$	TiO$_2$	Al$_2$O$_3$	TFe$_2$O$_3$	MnO	MgO	CaO	Na$_2$O	K$_2$O	P$_2$O$_5$	LOI	Σ	C	N	P	CaO*	A	K	CIA	CIA$_{corr.}$	ICV
砂岩	科 ZK01-10GS1	67.96	0.66	11.59	3.20	0.15	0.89	5.39	2.33	2.32	0.07	5.14	99.70	0.0963	0.0376	0.0005	0.0376	0.1137	0.0246	53.26	55.57	1.34
	科 ZK01-19GS1	43.66	0.44	9.72	5.00	0.43	1.33	19.07	1.77	1.86	0.06	16.39	99.73	0.3405	0.0285	0.0004	0.0285	0.0953	0.0197	55.41	57.68	1.60
	科 ZK01-23GS1	74.90	0.58	11.61	3.35	0.06	0.87	1.17	2.31	2.65	0.07	2.10	99.67	0.0209	0.0373	0.0005	0.0192	0.1139	0.0281	57.38	61.59	1.19
	科 ZK01-35GS1	71.68	1.25	11.58	4.34	0.11	1.07	2.01	1.87	2.46	0.08	3.25	99.70	0.0359	0.0306	0.0006	0.0340	0.1136	0.0261	55.71	58.77	1.42
	科 ZK01-57GS1	72.33	0.49	13.25	3.66	0.05	0.96	0.96	2.65	2.99	0.05	2.19	99.58	0.0171	0.0427	0.0004	0.0160	0.1300	0.0317	58.98	62.64	1.11
	科 ZK01-64GS1	75.30	0.51	12.40	2.41	0.05	0.78	0.84	2.25	3.13	0.06	2.31	100.04	0.0150	0.0363	0.0004	0.0136	0.1216	0.0332	59.40	63.56	1.03
	科 ZK01-70GS1	74.93	0.29	12.60	1.76	0.04	0.70	1.30	2.41	3.14	0.09	2.37	99.63	0.0232	0.0389	0.0006	0.0211	0.1236	0.0333	56.98	62.04	1.02
	PM01(1)GS1	72.49	0.48	12.59	4.26	0.06	1.19	0.91	2.29	2.79	0.06	2.82	99.94	0.0163	0.0369	0.0004	0.0148	0.1235	0.0296	60.30	64.71	1.17
	PM01(1)GS2	70.50	0.36	13.31	4.93	0.06	1.42	0.85	2.52	2.80	0.05	2.79	99.59	0.0152	0.0406	0.0004	0.0140	0.1305	0.0297	60.75	62.89	1.19
	PM01(3)GS1	74.03	0.39	12.62	2.68	0.16	1.08	1.07	2.52	2.73	0.07	2.28	99.63	0.0191	0.0406	0.0005	0.0175	0.1238	0.0290	58.70	66.24	1.11
	PM01(4)GS1	71.32	0.51	13.53	3.20	0.16	1.33	1.09	2.50	2.69	0.08	2.84	99.25	0.0195	0.0400	0.0006	0.0170	0.1327	0.0286	60.54	63.91	1.12
	平均值	69.92	0.54	12.25	3.53	0.12	1.06	3.15	2.31	2.69	0.07	4.04	99.68	0.0563	0.0373	0.0005	0.0213	0.1207	0.0285	57.95	61.78	1.21
泥岩	科 ZK01-5GS1	62.16	0.84	16.79	7.03	0.05	2.37	1.05	1.91	2.50	0.08	4.85	99.63	0.0188	0.0308	0.0006	0.0169	0.1647	0.0265	68.94	70.76	1.14
	科 ZK01-7GS1	60.09	0.93	18.49	7.17	0.05	2.46	0.78	1.65	2.54	0.06	5.67	99.89	0.0139	0.0266	0.0004	0.0125	0.1813	0.0270	73.28	75.08	1.02
	科 ZK01-12GS1	57.88	0.97	19.90	7.45	0.07	3.05	0.65	1.54	2.68	0.10	5.79	100.08	0.0116	0.0248	0.0007	0.0093	0.1952	0.0285	75.72	77.56	1.01
	科 ZK01-76GS1	59.94	0.98	21.04	5.22	0.03	1.81	0.42	1.04	2.83	0.04	6.50	99.85	0.0075	0.0166	0.0003	0.0066	0.2064	0.0300	79.45	81.88	0.70
	科 ZK01-86GS1	54.64	0.85	20.79	8.44	0.08	2.88	1.04	1.26	2.64	0.11	7.49	100.22	0.0186	0.0206	0.0008	0.0160	0.2039	0.0280	76.03	77.57	0.98
	平均值	58.94	0.91	19.40	7.06	0.06	2.51	0.79	1.48	2.64	0.08	6.06	99.93	0.0141	0.0239	0.0006	0.0123	0.1903	0.0280	74.68	76.57	0.97
	PAAS	62.80		18.88	7.18		2.19	1.29	1.19	3.69	0.16											

注:PAAS 为澳大利亚太古代平均页岩(Taylor et al.,1985);CaO* 指硅酸盐矿物中的 CaO;CIA 为化学蚀变指数;ICV 为成分变异指数。

表 4-2 直罗组沉积物稀土元素含量（$\times 10^{-6}$）及特征参数

岩性	样品号	La	Ce	Pr	Nd	Sm	Eu	Gd	Tb	Dy	Ho	Er	Tm	Yb	Lu	ΣREE	LREE	HREE	LREE/HREE	$(La/Yb)_N$	δEu	δCe	Ce_{anom}
砂岩	科 ZK01-10GS1	32.5	67.1	7.63	28.5	5.33	1.08	4.31	0.66	4.00	0.80	2.29	0.36	2.28	0.37	157.21	142.14	15.07	9.43	1.34	1.06	1.01	−0.01
	科 ZK01-19GS1	23.2	46.1	5.10	19.4	3.59	0.87	3.44	0.47	3.03	0.60	1.77	0.26	1.69	0.27	109.79	98.26	11.53	8.52	1.29	1.16	1.01	−0.03
	科 ZK01-23GS1	28.5	60.1	6.84	25.4	4.60	1.02	3.84	0.54	3.33	0.62	1.80	0.26	1.79	0.28	138.92	126.46	12.46	10.15	1.50	1.14	1.02	−0.01
	科 ZK01-35GS1	60.9	137.0	13.90	51.4	8.91	1.30	7.33	1.08	6.89	1.40	4.41	0.72	5.01	0.81	301.06	273.41	27.65	9.89	1.15	0.76	1.12	0.03
	科 ZK01-57GS1	29.8	62.4	6.73	25.3	4.56	1.06	3.50	0.55	2.85	0.51	1.49	0.22	1.41	0.22	140.60	129.85	10.75	12.08	1.99	1.25	1.05	0
	科 ZK01-64GS1	27.5	58.7	6.36	23.5	4.22	0.92	3.17	0.52	2.80	0.53	1.60	0.24	1.51	0.25	131.82	121.20	10.62	11.41	1.72	1.18	1.05	0
	科 ZK01-70GS1	22.8	47.4	4.99	18.7	3.25	0.85	2.64	0.43	2.26	0.44	1.30	0.18	1.24	0.19	106.67	97.99	8.68	11.29	1.73	1.36	1.05	0
	PM01(1)GS1	22.7	49.1	5.26	19.2	3.44	0.85	2.64	0.43	2.36	0.44	1.35	0.21	1.40	0.21	109.59	100.55	9.04	11.12	1.53	1.32	1.07	0.01
	PM01(1)GS2	18.6	44.7	4.48	16.7	3.04	0.75	2.30	0.37	2.05	0.39	1.13	0.17	1.11	0.17	95.96	88.27	7.69	11.48	1.58	1.33	1.16	0.05
	PM01(3)GS1	28.1	60.8	6.02	21.6	3.53	0.83	2.67	0.42	2.17	0.41	1.18	0.18	1.19	0.18	129.28	120.88	8.40	14.39	2.23	1.27	1.11	0.02
	PM01(4)GS1	31.5	62.1	6.61	24.5	4.03	0.93	3.24	0.50	2.68	0.52	1.48	0.23	1.47	0.22	140.01	129.67	10.34	12.54	2.02	1.21	1.02	−0.02
泥岩	科 ZK01-5GS1	42.3	83.6	9.88	37.2	6.80	1.46	5.89	0.89	5.36	1.03	2.94	0.44	2.76	0.43	200.98	181.24	19.74	9.18	1.45	1.08	0.97	−0.03
	科 ZK01-7GS1	41.4	81.8	9.23	33.8	6.14	1.28	5.10	0.75	4.61	0.90	2.62	0.41	2.82	0.42	191.28	173.65	17.63	9.85	1.38	1.07	0.99	−0.02
	科 ZK01-12GS1	48.0	96.5	10.70	39.0	6.86	1.39	5.45	0.79	4.70	0.94	2.83	0.41	2.70	0.43	220.70	202.45	18.25	11.09	1.68	1.07	1.01	−0.01
	科 ZK01-76GS1	39.3	77.1	8.44	30.1	5.09	0.98	3.77	0.67	3.85	0.78	2.46	0.38	2.71	0.39	176.02	161.01	15.01	10.73	1.37	1.05	1.00	−0.02
	科 ZK01-86GS1	49.3	100.0	11.10	41.2	7.79	1.60	6.24	1.02	6.03	1.19	3.37	0.49	3.11	0.44	232.88	210.99	21.89	9.64	1.49	1.08	1.01	−0.02
北美页岩(Haskin,1984)		31.5	66.5	7.90	27.0	5.90	1.18	5.20	0.79	5.80	1.04	3.40	0.50	2.97	0.44								

注：$Ce_{anom} = lg[3Ce_N/(2La_N + Nd_N)]$。

表4-3 直罗组沉积物微量元素含量（×10⁻⁶）及特征参数

岩性	样品名	Li	Be	Sc	V	Cr	Co	Ni	Cu	Zn	Ga	Rb	Sr	Y	Zr	Nb	Sn	Cs	Ba	Hf	Ta	Tl	Pb	Th	U	Sr/Ba	Sr/Cu	Rb/Sr	V/(V+Ni)
砂岩	科ZK01-10GSl	15.1	1.21	8.98	58.7	38.5	7.44	11.8	8.58	34.0	13.1	67.6	265	22.4	411	10.30	1.69	1.58	2183	9.22	0.77	0.40	13.8	8.19	1.70	0.12	30.89	0.26	0.83
	科ZK01-19GSl	21.9	1.69	7.60	53.1	32.4	11.70	16.8	9.99	48.3	12.2	71.8	377	18.1	124	7.13	1.42	2.81	435	3.15	0.49	0.48	12.8	4.94	1.12	0.87	37.74	0.19	0.76
	科ZK01-23GSl	17.1	1.47	7.21	50.1	29.8	6.74	11.2	5.58	36.8	12.4	84.7	217	17.9	187	10.10	1.67	2.04	570	4.71	0.77	0.51	16.1	8.60	1.39	0.38	38.89	0.39	0.82
	科ZK01-35GSl	19.8	1.42	11.30	63.5	45.1	9.16	13.4	6.72	48.0	13.9	78.7	203	41.1	1859	18.20	2.34	1.90	548	41.80	1.29	0.52	17.2	23.10	6.44	0.37	30.21	0.39	0.83
	科ZK01-57GSl	23.0	1.65	8.61	49.9	29.2	11.60	13.9	5.82	46.8	14.7	92.9	244	15.2	179	7.94	1.78	2.55	724	4.44	0.58	0.60	18.5	6.57	2.16	0.34	41.92	0.38	0.78
	科ZK01-64GSl	16.6	1.48	6.03	50.3	23.8	10.30	11.5	5.18	38.0	13.6	94.0	215	16.3	195	8.49	1.82	2.00	723	4.82	0.65	0.69	19.1	7.61	5.03	0.30	41.51	0.44	0.81
	科ZK01-70GSl	18.4	1.47	5.12	39.0	20.7	8.09	10.1	4.76	31.5	13.5	90.7	243	12.4	97.6	5.40	1.49	1.87	777	2.56	0.40	0.62	17.5	4.58	2.61	0.31	51.05	0.37	0.79
	PM01(1)GSl	23.9	1.74	7.39	53.1	29.1	7.79	11.9	4.83	47.7	13.9	78.0	255	11.6	171	7.73	1.61	1.82	723	4.27	0.56	0.51	16.6	5.93	2.74	0.35	52.80	0.31	0.82
	PM01(1)GS2	33.1	1.78	7.03	57.2	28.5	8.76	14.8	4.10	58.0	13.7	81.9	253	9.64	141	6.23	1.54	2.07	717	3.60	0.48	0.54	18.3	5.68	2.94	0.35	61.71	0.32	0.79
	PM01(3)GSl	19.2	1.42	7.21	52.0	25.8	6.39	16.2	3.96	31.7	13.3	75.4	264	11.1	131	6.32	1.50	1.61	730	3.47	0.49	0.62	13.8	5.61	3.84	0.36	66.67	0.29	0.76
	PM01(4)GSl	34.6	1.65	9.30	44.2	34.3	12.40	18.9	4.39	55.2	14.9	79.0	259	14.7	171	8.16	1.66	2.00	689	4.29	0.59	0.69	13.4	6.58	6.88	0.38	59.00	0.31	0.70
泥岩	科ZK01-5GSl	49.5	2.46	15.90	102.0	65.1	15.20	31.4	23.40	89.9	21.9	111.0	223	28.3	248	13.70	2.41	5.20	545	6.13	0.93	0.71	19.7	11.30	10.10	0.41	9.53	0.50	0.76
	科ZK01-7GSl	57.4	2.49	17.70	111.0	81.4	14.90	33.4	26.80	90.2	23.7	115.0	199	24.3	265	15.40	2.71	6.28	541	6.61	1.05	0.74	23.9	15.40	4.92	0.37	7.43	0.58	0.77
	科ZK01-12GSl	59.5	2.73	19.40	133.0	83.8	29.80	53.4	38.00	107.0	26.0	127.0	165	26.0	196	16.60	2.99	6.94	501	5.14	1.07	0.77	29.3	16.80	2.92	0.33	4.34	0.77	0.71
	科ZK01-76GSl	60.7	2.90	17.40	123.0	82.0	18.00	39.8	35.60	90.6	27.1	150.0	182	22.9	206	19.00	3.38	8.25	465	5.51	1.26	0.90	21.8	18.80	8.16	0.39	5.11	0.82	0.76
	科ZK01-86GSl	61.3	3.40	19.70	139.0	82.3	16.90	40.4	42.60	101.0	27.2	128.0	198	33.1	130	14.50	3.07	8.56	484	3.63	1.01	0.82	32.3	19.90	2.13	0.41	4.65	0.65	0.77

二、元素地球化学基本特征

将测试成果数据在 Excel、SPSS、GeoChem Studio 等软件中进行数据处理、相关性分析、因子分析、聚类分析,统计参数。为客观科学地反映样品的元素地球化学分布特征,选用最小值、最大值、算术平均值、标准离差、变异系数、富集系数等地球化学参数进行地球化学基本特征阐述($\bar{X}$:算术平均值,为全部元素含量算术平均值。S:标准离差,反映元素含量同算术平均值之间的偏离与起伏。K:富集系数,反映化石或围岩中元素的富集程度。C_v:变异系数,反映元素的起伏变化、分散集中程度)。

(一)元素相关性分析

直罗组样品的各常量元素之间相关系数较低;微量元素 Rb、Co、Ni、Cr、V、Sc、Li、Cs、Be、Ga、Tl、Cu、Pb、Zn 等之间相关系数较高,其中 Ga、Cu、Zn 与其余元素相关系数具强烈正相关关系,Th、Nb、Ta 与稀土元素具明显正相关关系;稀土元素之间相关系数均较高。而 CaO、Na_2O、K_2O、Sr、Ba、As 与其他多数元素无明显相关关系。

(二)元素的富集特征

从各元素特征参数统计表(表 4-4)看,明显富集的元素为 U、Fe_2O_3,富集系数 K 为 1.77~1.91;弱富集元素为 Al_2O_3、MgO、V、Sr、Sc、Ba、Co、Hf、CaO、Li、Zr、Pb,富集系数 $1.0<K<1.5$;略贫乏元素有 Be、Cu、Rb、Ni、Zn、Ga、SiO_2、Th、Tl、Y、Sn、Cr、La、Ce、Pr、Nd、Sm、Eu、Gd、Yb、Lu,富集系数为 $0.8<K<1.0$;表现为较贫乏的元素为 TiO_2、Ho、Na_2O、As、Nb、Er、Dy、Ta、Tm、Cs、Tb、K_2O,富集系数 $0.5<K<0.8$;表现为贫乏的元素为 MnO、P_2O_5,富集系数 $K<0.5$。

表 4-4　各元素特征参数统计表

元素	样品数	最小值	最大值	标准离差 S	富集系数 K	变异系数 C_v
SiO_2	16	43.66	75.30	9.140	0.97	0.14
TiO_2	16	0.29	1.25	0.277	0.66	0.42
Al_2O_3	16	9.72	21.04	3.650	1.01	0.25
Fe_2O_3	16	1.76	8.44	1.990	1.91	0.43
MnO	16	0.03	0.43	0.098	0.10	0.97
MgO	16	0.70	3.05	0.770	1.01	0.51
CaO	16	0.42	19.07	4.590	1.40	1.90
Na_2O	16	1.04	2.65	0.490	0.71	0.24
K_2O	16	1.86	3.14	0.310	0.79	0.12
P_2O_5	16	0.04	0.11	0.019	0.07	0.27
LOI	16	2.10	16.39	3.585	4.67	0.77

续表 4-4

元素	样品数	最小值	最大值	标准离差 S	富集系数 K	变异系数 C_v
Rb	16	67.60	150.00	23.900	0.87	0.25
Sr	16	165.00	377.00	49.000	1.04	0.21
Ba	16	435.00	2 183.00	409.000	1.12	0.58
Th	16	4.60	23.10	6.100	0.97	0.58
U	16	1.10	10.10	2.600	1.77	0.65
Nb	16	5.40	19.00	4.600	0.73	0.42
Ta	16	0.40	1.29	0.290	0.75	0.38
Zr	16	98.00	1 859.00	424.000	1.47	1.44
Hf	16	2.60	41.80	9.400	1.24	1.33
Co	16	6.40	29.80	5.900	1.22	0.49
Ni	16	10.10	53.40	13.400	0.87	0.61
Cr	16	20.70	83.80	24.100	0.99	0.53
V	16	39.00	139.00	34.700	1.07	0.47
Sc	16	5.10	19.70	5.100	1.11	0.47
Li	16	15.10	61.30	18.000	1.44	0.54
Cs	16	1.60	8.60	2.500	0.78	0.70
Be	16	1.20	3.40	0.600	0.84	0.33
Ga	16	12.20	27.20	5.700	0.90	0.33
Tl	16	0.40	0.90	0.1400	0.97	0.22
Cu	16	4.00	42.60	13.900	0.85	0.96
Pb	16	12.80	32.30	5.500	1.00	0.29
Zn	16	31.50	107.00	26.600	0.88	0.44
As	16	2.60	3.90	0.500	0.71	0.15
Sn	16	1.40	3.40	0.700	0.98	0.31
La	16	18.60	60.90	11.700	0.85	0.34
Ce	16	44.70	137.00	24.600	0.93	0.35
Pr	16	4.50	13.90	2.600	0.90	0.34
Nd	16	16.70	51.40	9.700	0.84	0.34
Sm	16	3.00	8.90	1.800	0.85	0.35
Eu	16	0.80	1.60	0.300	0.89	0.24
Gd	16	2.30	7.30	1.500	0.85	0.36
Tb	16	0.37	1.08	0.220	0.78	0.35
Dy	16	2.00	6.90	1.500	0.74	0.40
Ho	16	0	1.00	0	0.70	0.42
Er	16	1.10	4.40	0.900	0.73	0.43
Tm	16	0.17	0.72	0.150	0.77	0.46
Yb	16	1.10	5.00	1.000	0.82	0.48
Lu	16	0.17	0.81	0.160	0.89	0.49
Y	16	9.60	41.10	8.700	0.97	0.43

(三) 元素的变异特征

从各元素特征参数统计表(表4-4)来看,强变异($C_v>1.0$)的元素有 Zr、Hf、CaO,表明其呈明显的不均匀分布,同时富集程度较高,其中 CaO 变异系数最大,为 1.90。变异($0.5<C_v<1.0$)的元素有 MgO、Cr、Li、Ba、Th、Ni、U、Cs、Cu、MnO 等,一般为不均匀分布,同时富集程度较低。弱变异($C_v<0.5$)的元素有 K_2O、SiO_2、As、Sr、Tl、Na_2O、Eu、Al_2O_3、Rb、P_2O_5、Pb、Sn、Be、Ga、La、Pr、Nd、Ce、Sm、Tb、Gd、Ta、Dy、TiO_2、Nb、Ho、Fe_2O_3、Er、Y、Zn、Tm、V、Sc、Yb、Co、Lu 等,分布也不均匀,仅具有分散特征。

总体而言,属于富集集中型($K>1$、$C_v>1$)的元素有 Zr、Hf、CaO;属于富集分散型($K>1$、$C_v<1$)的元素有 Al_2O_3、Fe_2O_3、MgO、Sr、Ba、U、Co、V、Sc、Li、Pb;属于贫乏分散型($K<1$、$C_v<1$)的元素有 SiO_2、TiO_2、MnO、Na_2O、K_2O、P_2O_5、Rb、Th、Nb、Ta、Ni、Cr、Cs、Be、Ga、Tl、Cu、Zn、As、Sn 及稀土元素;缺乏贫乏集中型($K<1$、$C_v>1$)的元素。

三、常量元素地球化学特征

主量元素有时也称为常量元素,指在各种地质体系中其质量分数(w_B)大于 0.1% 的元素。主要的 7 种元素 Si、Al、Mg、Ca、Fe、K、Na 在地壳中都以阳离子形式存在,它们与氧结合形成的氧化物(或氧的化合物),是构成三大类岩石的主体。

(一) 砂岩常量元素

直罗组砂岩常量元素含量见表 4-1。数据处理时,先将 CaO 换成 CaO^*。直罗组砂岩常量元素含量:SiO_2 43.66%~75.30%、Al_2O_3 9.72%~13.53%、CaO 0.84%~19.07%、MgO 0.70%~1.42%、TFe_2O_3 1.76%~5.00%、K_2O 1.86%~3.14%、Na_2O 1.77%~2.65%,其平均值分别为 69.92%、12.25%、3.15%、1.06%、3.53%、2.69%、2.31%。$w(Al_2O_3)/w(SiO_2)$ 为 0.15~0.22,平均值为 0.18%,与活动大陆边缘(0.15~0.22)一致。TiO_2 含量为 0.29%~1.25%,平均 0.54%,与活动大陆边缘(0.46%)范围基本相符。利用 $\lg[w(Na_2O)/w(K_2O)]$—$\lg[w(SiO_2)/w(Al_2O_3)]$ 图解(图4-1)对 11 件砂岩样品进行分类,结果显示,大部分为岩屑砂岩,个别为杂砂岩。

常量元素 SiO_2、TiO_2、TFe_2O_3+MgO、Al_2O_3/SiO_2、K_2O/Na_2O、$Al_2O_3/(CaO+Na_2O)$ 等各项数值对于碎屑岩物源区及其构造背景判别最具判别性(表 4-5),随 SiO_2 含量的增加,TFe_2O_3、MgO 含量逐渐减少,呈现较好的负相关性。通过与大洋岛弧、大陆岛弧、活动大陆边缘、被动大陆边缘各项常量元素特征数值比较,直罗组砂岩常量元素特征和活动大陆边缘最为契合。

(二) 泥岩常量元素

直罗组泥岩常量元素含量:SiO_2 54.64%~62.16%、Al_2O_3 16.79%~21.04%、CaO 0.42%~1.05%、MgO 1.81%~2.88%、TFe_2O_3 5.22%~8.44%、K_2O 2.50%~2.83%、Na_2O 1.04%~1.91%,其平均值分别为 58.94%、19.40%、0.79%、2.51%、7.06%、

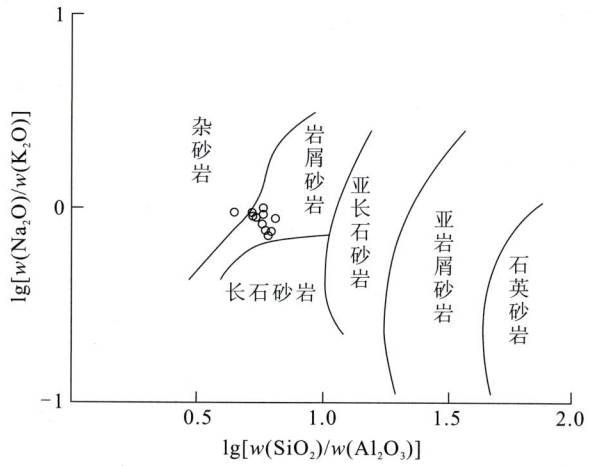

图 4-1　$\lg[w(Na_2O)/w(K_2O)]$—$\lg[w(SiO_2)/w(Al_2O_3)]$ 砂岩分类图解

(底图据 Pettijohn et al.,1987)

表 4-5　直罗组砂岩与不同构造背景砂岩常量元素特征数值比较

构造背景	$SiO_2/\%$	$TiO_2/\%$	$TFe_2O_3 +$ $MgO/\%$	Al_2O_3/SiO_2	K_2O/Na_2O	$Al_2O_3/$ $(CaO+Na_2O)$
直罗组	69.92	0.54	4.58	0.18	1.17	3.14
大洋岛弧	58.83	1.06	11.70	0.29	0.39	1.72
大陆岛弧	70.69	0.64	6.79	0.20	0.61	2.42
活动大陆边缘	73.86	0.46	4.63	0.18	0.99	2.56
被动大陆边缘	81.95	0.49	2.89	0.10	1.60	4.15

2.64%、2.64%、1.48%。其 Al_2O_3/TiO_2 比值介于 19~28 之间,反映沉积物源岩有酸性岩存在。直罗组泥岩常量元素与澳大利亚太古代平均页岩 PAAS 相比,SiO_2、Al_2O_3、MgO、Na_2O、TFe_2O_3 含量基本一致(表 4-1)。

四、微量元素和稀土元素地球化学特征

岩石中微量元素与主量元素相对,指除主量元素外在岩石中含量少的元素,基于地球化学行为可再做划分,其中稀土元素(REE)包括 La、Ce、Pr、Nd、Pm、Sm、Eu、Gd、Tb、Dy、Ho、Er、Tm、Yb、Lu、Sc、Y,是岩石地球化学分析中重要的研究数据。微量元素和稀土元素在沉积成岩过程中比较稳定,在水中溶解度低且滞留时间短,因而能快速进入细粒沉积物,使细粒沉积物可以较好地反映物源区地球化学信息。

(一)微量元素特征

直罗组沉积物微量元素含量见表 4-3,由表可知,岩石的 Co、Ni、Cr、V 等镁铁质元素

低于大陆上地壳（UCC）平均含量[$V=(97\pm11)\times10^{-6}$、$Cr=(92\pm17)\times10^{-6}$、$Co=(17.3\pm0.6)\times10^{-6}$、$Ni=(47\pm11)\times10^{-6}$]，呈现出一个偏酸性的趋势。在微量元素原始地幔标准化蛛网图（图4-2）中，岩石富集 Rb、K、U 等大离子亲石元素，强烈亏损 Nb、Sr、P、Ti 等典型的不活动元素，同时 Y、Yb、Zr、Hf 等含量较低。

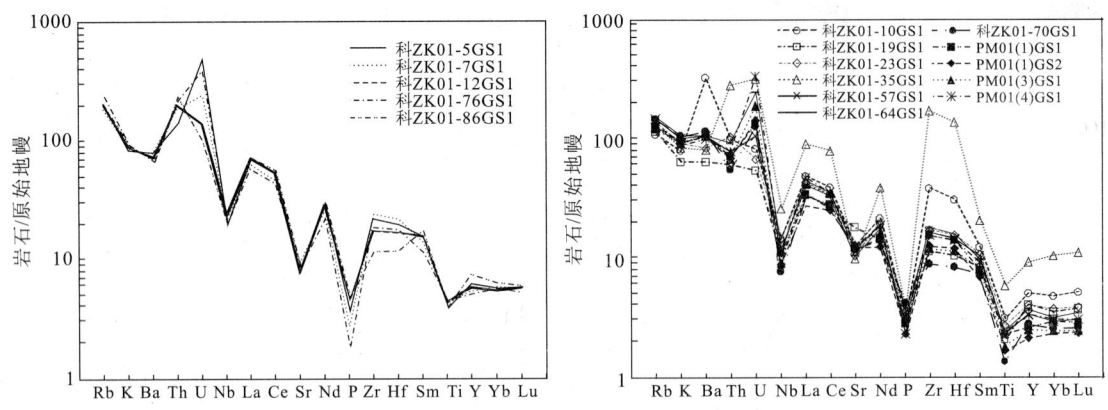

图4-2　直罗组泥岩（左）、砂岩（右）微量元素原始地幔标准化蛛网图

（原始地幔标准化值引自 Sun et al.,1989）

（二）稀土元素特征

直罗组沉积物稀土元素含量见表4-2，直罗组砂岩稀土元素 ΣREE 介于 $95.96\times10^{-6}\sim301.06\times10^{-6}$ 之间，集中于 $106.67\times10^{-6}\sim157.21\times10^{-6}$，$(La/Yb)_N$（北美页岩）在 $1.15\sim2.23$ 之间。稀土元素球粒陨石标准化配分曲线（图4-3左）总体表现为右倾，表明轻稀土元素分馏程度较高，ΣLREE/ΣHREE 值为 $8.52\sim14.39$，均值 11.12，轻稀土元素富集，重稀土元素相对亏损且曲线较为平缓。δEu 为 $0.76\sim1.36$，均值 1.19，δEu 的变化取决于碎屑物源的组成，Eu 具弱的负异常，说明其源岩为花岗岩类等酸性岩且与上

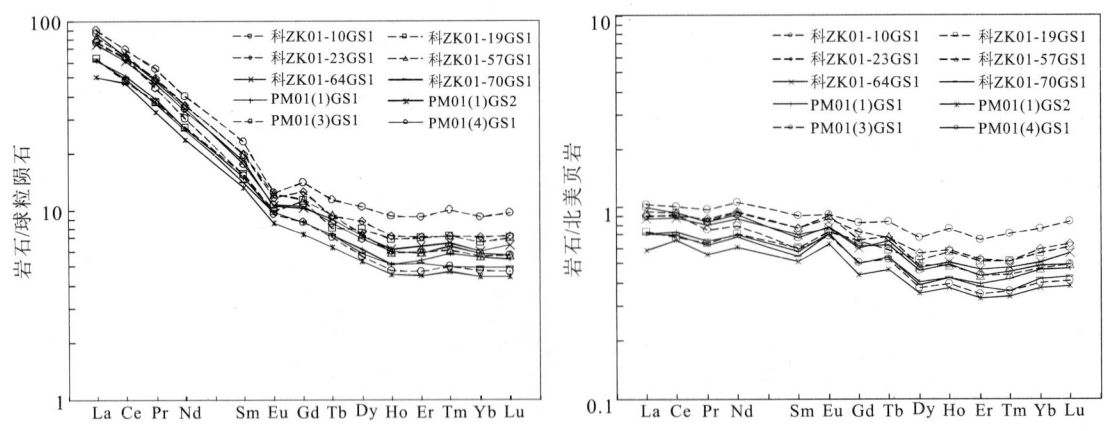

图4-3　直罗组砂岩稀土元素球粒陨石、北美页岩标准化配分模式图

（球粒陨石标准值参考 Taylor et al.,1985；北美页岩标准值参考 Haskin et al.,1966）

地壳相关。在北美页岩标准化配分模式图(图4-3右)中,直罗组砂岩表现出较为平坦的曲线,出现较强的Eu的正异常。

泥岩稀土元素介于$176.02 \times 10^{-6} \sim 232.88 \times 10^{-6}$之间,$\Sigma LREE/\Sigma HREE$值为$9.18 \sim 11.09$,$(La/Yb)_N$(北美页岩)在$1.37 \sim 1.68$之间。在稀土元素球粒陨石标准化配分模式图(图4-4)中,直罗组泥岩显示出较高的$(La/Yb)_N$,Eu负异常。在北美页岩标准化图解中,直罗组泥岩表现出较为平坦的曲线,无Eu异常或弱的Eu正异常。

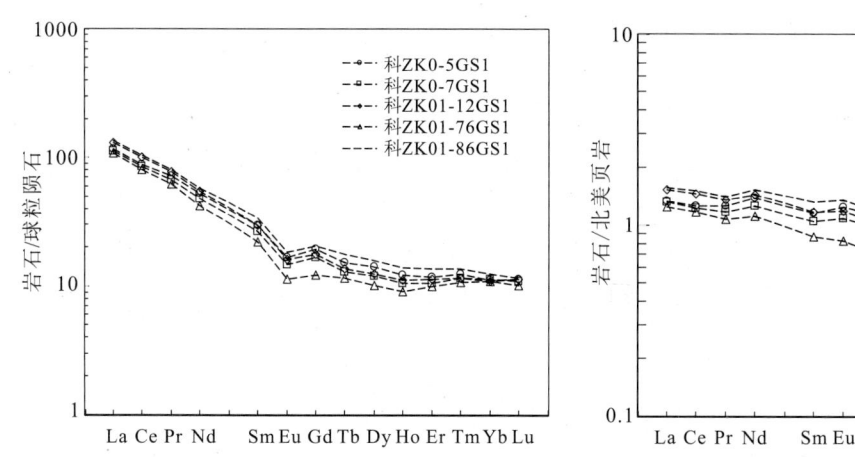

图4-4 直罗组泥岩稀土元素球粒陨石、北美页岩标准化配分模式图

(球粒陨石标准值参考Taylor et al.,1985;北美页岩标准值参考Haskin et al.,1966)

对于相同构造背景之下的泥岩和杂砂岩,校正稀土元素参数值后与Bhatia总结的4种构造环境下的杂砂岩稀土元素特征参数进行对比。通过稀土元素特征参数的综合对比分析发现(表4-6),直罗组泥岩、砂岩稀土元素特征值均与活动大陆边缘背景下的稀土元素特征值最为相似,并且物源来自上隆的基底。

表4-6 不同构造背景稀土元素参数特征

构造背景	源区类型	La	Ce	ΣREE	LREE/HREE	La/Yb	$(La/Yb)_N$	δEu
大洋岛弧	未切割的岩浆弧	8.00(1.7)	19.00(3.7)	58.00(10)	3.80(0.9)	4.20(1.3)	2.80(0.9)	1.04(0.11)
大陆岛弧	切割的岩浆弧	27.00(4.5)	59.00(8.2)	146.00(20)	7.70(1.7)	11.00(3.6)	7.50(2.5)	0.79(0.13)
活动大陆边缘	上隆的基底	37.00	78.00	186.00	9.10	12.50	8.50	0.60
被动大陆边缘	克拉通内部构造高地	39.00	85.00	210.00	8.50	15.90	8.50	0.56
直罗组泥岩平均值		44.06	87.80	204.40	10.10	15.63	11.21	0.70
泥岩校正后REE及比值		36.72	73.17	170.30	8.42	13.03	9.34	0.58
直罗组砂岩平均值		29.65	63.23	141.90	11.12	17.44	12.51	0.77

注:括号内数据对应标准偏差;$(La/Yb)_N$采用球粒陨石标准化参数值计算。

第二节　直罗组物源属性

前人研究获得的直罗组砂岩碎屑锆石年龄主要集中于 2.5～2.3Ga、2.00～1.75Ga 和 450～250Ma 三个峰值（Wang，2013），诸多研究成果揭示鄂尔多斯盆地周缘的造山带为盆地主要碎屑源区，且陆缘剥蚀区母岩组合类型均具有复杂性和混源性，源区不仅涉及到古生代中酸性侵入岩，也涉及到前寒武纪古老变质岩系。本节将通过直罗组岩石地球化学及岩石的碎屑统计进一步对研究区直罗组物源属性进行分析探讨。

一、元素地球化学特征对物源的指示

（一）砂岩地球化学特征对物源的指示

碎屑岩的再循环沉积作用会导致其成分发生改变，因此有必要对样品进行再沉积作用的判别。Cox et al. 提出的成分变异指数 ICV 被广泛用来判断细屑岩是否为再循环沉积物，当 ICV＞1 时，说明样品含少量黏土矿物，指示其为活动构造带的首次沉积；当 ICV＜1 时，说明该样品存在大量黏土矿物，代表其可能经历了再循环沉积。本次采集样品的 ICV 值大多数均大于 1 或接近 1，显示其基本为活动构造带的首次沉积，因而本次采集的砂岩样品能较好地指示源岩组分。

砂岩中大多数镁铁质元素 Fe、Ti、Mg、Sc、Co、Cr、Ni、V 和小离子元素 Na、Ca、Sr 等在基性岩及其风化产物中富集；而大离子元素 K、Rb、Pb、REE，高电价离子 Th、U、Zr、Nb 等在长英质岩石及其风化产物中更加富集。因此 K_2O/Na_2O、Co/Th、La/Sc、La/Th、δEu、Th/Sc、Th/Cr 等值在镁铁质物源和长英质物源岩石中的含量不相同，具有重要的物源指示意义。

直罗组砂岩 K_2O 含量平均 2.69%，砂岩样的 ICV 值均大于 1，指示样品中的黏土矿物含量低，因此可推测砂岩的高钾含量主要源自碎屑颗粒而非后生矿物的贡献，这间接反映了源区的高钾性质；Na_2O 平均含量为 2.31%，岩石 $w(K_2O)/w(Na_2O)$ 值平均 1.17，与活动大陆边缘砂岩（0.99）相当。

在 Co/Th—La/Sc 图解（图 4-5）中，样品介于安山岩和长英质火山岩之间；在 La/Th—Hf 图解（图 4-6）中，大部分样品落在长英质、基性岩混合物源区，部分落在长英质物源区；结合 Ni 的低含量（图 4-7）表明，砂岩源岩可能为中酸性岩，物源为安山质弧环境，但有长英质、基性岩混入。在 Th/Sc—Zr/Sc 图解（图 4-8）中，样品点均落在组分的分异曲线附近，说明沉积碎屑物质的近源性，即没有经过较高程度或者多旋回的分选作用，因而能较好地指示源岩组分，同时样品落在 TTG 附近，以砂岩最为集中，显示直罗组物源可能具有 TTG 属性（以英云闪长岩、奥长花岗岩及花岗闪长岩为主组成的岩系）。通过以上判别图解分析，大部分砂岩样品指示长英质、基性岩混合物源区，砂岩源岩可能为中酸性岩，物源为安山质弧环境，但有长英质、基性岩混入。

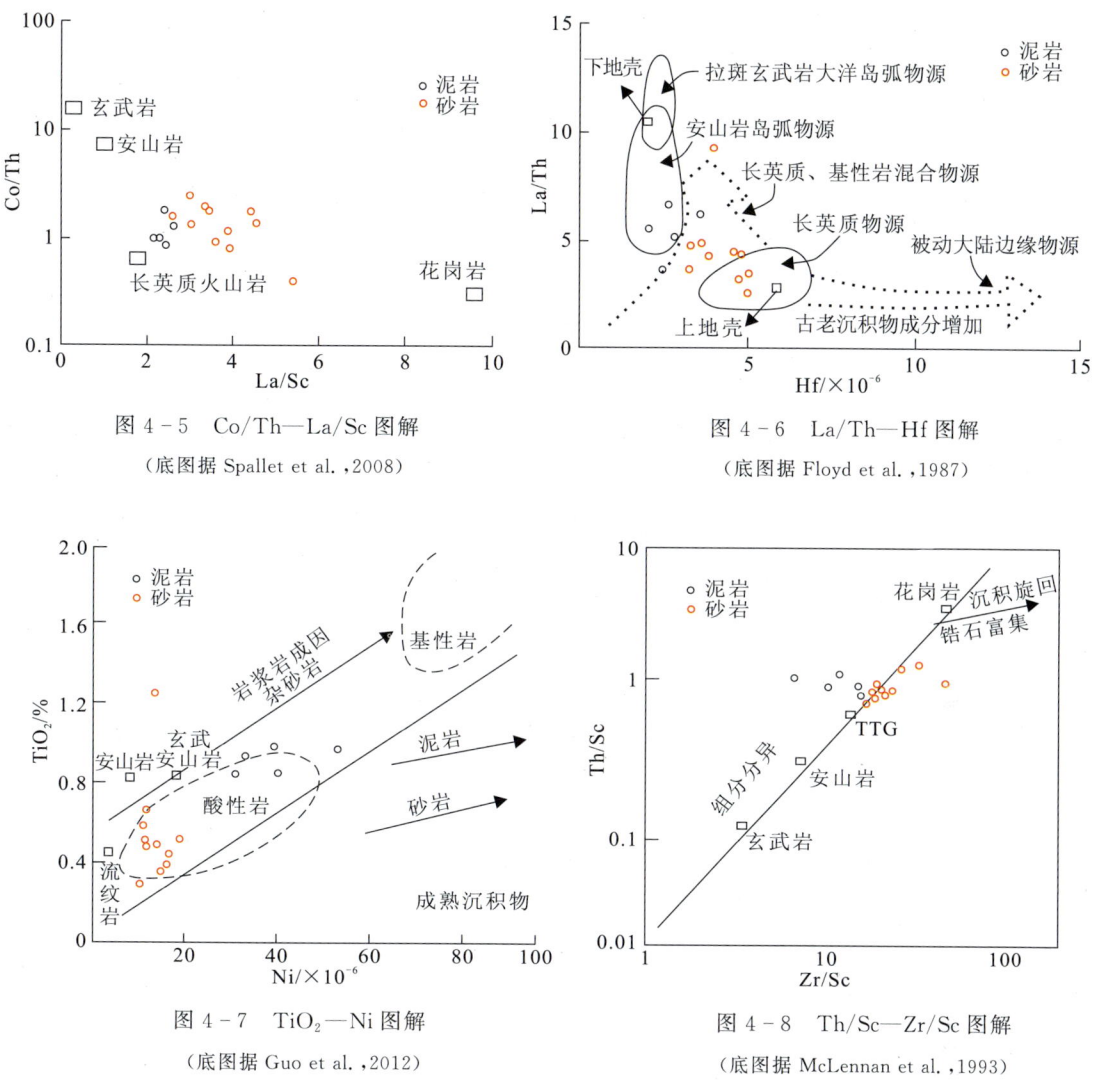

图 4-5 Co/Th—La/Sc 图解
(底图据 Spallet et al.，2008)

图 4-6 La/Th—Hf 图解
(底图据 Floyd et al.，1987)

图 4-7 TiO$_2$—Ni 图解
(底图据 Guo et al.，2012)

图 4-8 Th/Sc—Zr/Sc 图解
(底图据 McLennan et al.，1993)

(二)泥岩地球化学特征对物源的指示

利用 Co/Th—La/Sc 及 La/Th—Hf 源岩判别图解对泥岩样品进行投点，在 Co/Th—La/Sc 图解(图 4-5)中，所有直罗组泥岩样品的 La/Sc 比值均高于长英质火山岩，而 Co/Th 比值大多介于长英质火山岩与安山岩之间。以上落点特征反映源岩主要为长英质岩石并且有安山质岩石的混入。在 La/Th—Hf 图解(图 4-6)中，大多数样品落在安山岩岛弧物源区，部分落在长英质、基性岩混合物源区。

此外，样品球粒陨石稀土配分模式均呈 LREE 富集、HREE 亏损但变化平缓和明显的 Eu 负异常特征，显示源岩成分与上地壳的长英质成分(如中酸性侵入岩、长英质变质岩)相似。

综上所述，直罗组碎屑岩的物质来源区在安山质弧环境，源岩为中酸性岩，但又有基性岩混入。

二、岩石碎屑组分特征对物源的指示

(一)直罗组二段

通过对直罗组二段砂岩薄片进行镜下观察,样品总体特征为长石颗粒含量最高,23.90%~69.48%,岩屑颗粒含量次之,18.92%~68.87%,石英含量为19.24%~62.16%(表4-7),直罗组二段的砂岩类型主要为岩屑长石砂岩。碎屑长石、石英、岩屑,次棱角状为主,部分次棱—次圆状,以颗粒支撑,孔隙式胶结为主,石英与长石岩屑比值为低,显示成分成熟度低,结构成熟度低—中等,岩屑多为粉砂质黏土岩、粉砂岩,黑云母矿物碎屑次之,少量硅质岩及文象花岗岩、绿泥石蚀变岩、斜长浅粒岩、流纹岩。以黏土杂基胶结为主,钙质胶结次之。石英颗粒以单晶石英为主体,多晶石英次之,颗粒呈现出他形粒状、椭圆状、表面光滑,具有波状消光。长石颗粒多呈板柱状、短柱状,主要为钾长石和斜长石,其中钾长石含量多于斜长石,主要由于钾长石的稳定程度要高于斜长石。研究区直罗组二段砂岩岩屑主要为沉积岩屑,包括黏土岩、粉砂岩等,酸性侵入岩岩屑次之,少量变质岩屑。

Qt—F—L图解(图4-9Ⅰ)分析显示,砂岩样品主要落于岩浆弧物源区区域,少量落入陆块物源区区域;在Qm—F—Lt图解(图4-9Ⅱ)中,样品再次显示在岩浆弧物源区区域,少量落入陆块物源区区域;在Qp—Lv—Ls图解(图4-9Ⅲ)中,砂岩样品投入碰撞造山带物源区区域;在Qm—P—K图解(图4-9Ⅳ)中,砂岩样品落在陆块物源区与岩浆弧物源区之间,样品成熟度及稳定性纵向变化趋势不明显。综上所述,直罗组二段砂岩物源主要来自岩浆弧造山带物源,并混入部分陆块和再旋回造山带物源。

(二)直罗组一段

直罗组一段砂岩薄片镜下观察及碎屑统计显示,样品总体特征为岩屑颗粒含量最高,25.75%~82.56%,石英颗粒含量次之,27.24%~69.14%,长石颗粒含量为13.58%~44.06%(表4-7),直罗组一段的砂岩类型主要为长石岩屑砂岩。碎屑长石、石英、岩屑,次棱角状为主,以颗粒支撑,孔隙式胶结为主,石英与长石岩屑比值为低,成分成熟度低,结构成熟度低—中等,岩屑多为粉砂质黏土岩、粉砂岩,黑云母矿物碎屑次之,少量硅质岩及文象花岗岩、绿泥石蚀变岩、斜长浅粒岩、流纹岩。以黏土杂基胶结为主,钙质胶结次之。石英颗粒以单晶石英为主体,多晶石英次之,颗粒呈现出他形粒状、椭圆状、表面光滑,具有波状消光。长石颗粒多呈板柱状、短柱状,主要为钾长石和斜长石,其中斜长石含量多于钾长石。直罗组一段砂岩岩屑主要为变质黏土质粉砂岩、变质黏土岩、变质硅质岩、绢云板岩及流纹岩、文象花岗岩,并可见云母碎屑、绿泥石碎屑。

Qt—F—L图解(图4-9Ⅰ)分析显示,砂岩样品主要落于岩浆弧物源区区域;在Qm—F—Lt图解(图4-9Ⅱ)中,样品再次显示在岩浆弧物源区区域,少量落入陆块物源区区域;在Qp—Lv—Ls图解(图4-9Ⅲ)中,砂岩样品投入碰撞造山带物源区区域;在

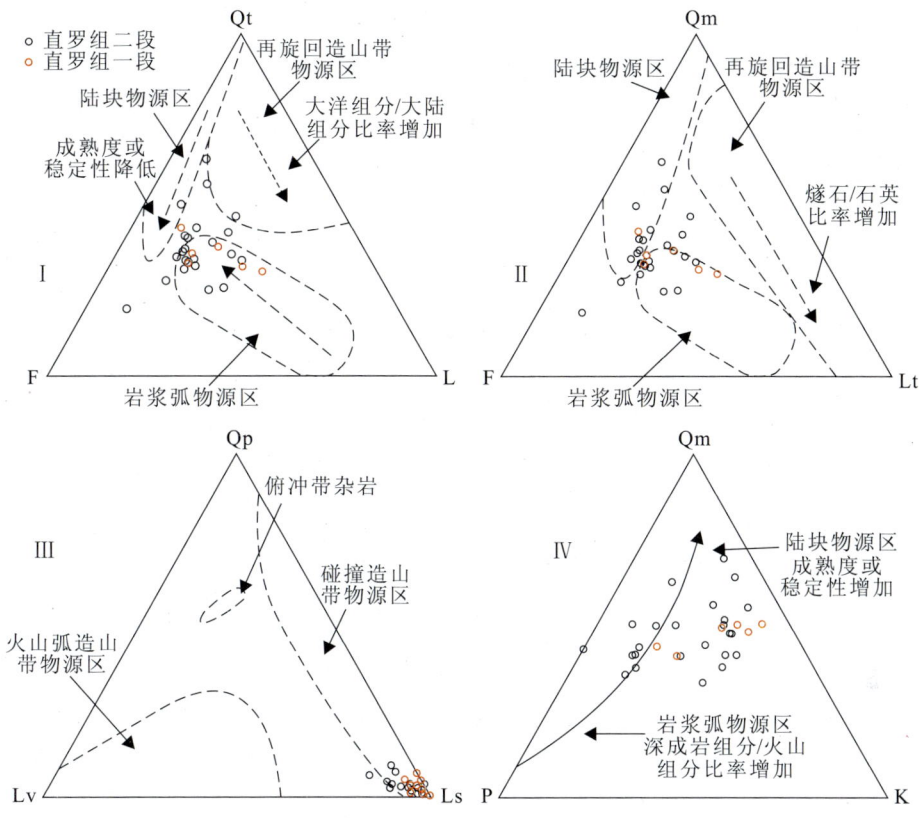

图 4-9 直罗组砂岩碎屑组分-物源区类型图解模型(底图据 Dicknson,1985)

Qt. 总体石英(Qm+Qp);Qm. 单晶石英;Qp. 多晶石英;F. 长石(P+K);P. 斜长石;K. 钾长石;
Lt. 多晶质岩屑(L+Qp);L. 不稳定岩屑(Lv+Ls+Lm);Lv. 火山岩屑;Ls. 沉积岩屑;Lm. 变质岩屑

表 4-7 直罗组砂岩碎屑组分特征统计表

序号	层位	样品号	Qm	Qp	Qt	K	P	F	Lv	Ls	Lm	L	Lt	Σ
1		科 ZK01-10b1	193	2	195	68	208	276	2	81	7	90	92	561
2		科 ZK01-13b1	204	2	206	67	198	265	4	89	1	94	96	565
3		科 ZK01-15b1	186	1	187	34	151	185	0	184	1	185	186	557
4		科 ZK01-19b1	174	1	175	0	231	231	2	98	7	107	108	513
5		科 ZK01-23b1	143	1	144	59	201	260	1	161	3	165	166	569
6	直罗组二段	科 ZK01-26b1	119	2	121	314	123	437	4	59	6	69	71	627
7		科 ZK01-35b1	141	2	143	62	174	236	5	173	6	184	186	563
8		科 ZK01-35b2	173	7	180	176	108	284	14	89	9	112	119	576
9		科 ZK01-39b1	267	2	269	177	41	218	0	50	2	52	54	539
10		科 ZK01-41b1	318	8	326	141	37	178	5	73	0	78	86	582
11		科 ZK01-43b1	221	4	225	167	76	243	8	75	5	88	92	556
12		科 ZK01-43b2	224	3	227	168	78	246	7	73	4	84	87	557
13		科 ZK01-49b1	182	3	185	178	81	259	5	99	0	104	107	548

续表 4-7

序号	层位	样品号	Qm	Qp	Qt	K	P	F	Lv	Ls	Lm	L	Lt	Σ
14	直罗组二段	科ZK01-54b1	226	1	227	47	89	136	1	119	2	122	123	485
15		科ZK01-57b1	178	2	180	58	194	252	1	111	0	112	114	544
16		科ZK01-59b1	202	3	205	82	118	200	2	120	0	122	125	527
17		科ZK01-64b1	234	3	237	164	131	295	10	97	0	107	110	639
18		科ZK01-67b1	205	2	207	63	142	205	1	139	3	143	145	555
19		科ZK01-70b1	171	4	175	109	138	247	4	100	1	105	109	527
20		PM01(1)b1	223	2	225	108	67	175	1	136	1	138	140	538
21		PM01(4)b1	152	1	153	162	142	304	2	89	1	92	93	549
22		PM01(4)b2	176	1	177	159	91	250	1	115	4	120	121	547
23		PM01(4)b3	173	1	174	113	59	172	1	143	1	145	146	491
24		PM02(7)b1	341	4	345	113	37	150	3	48	0	51	55	546
25		PM02(11)b1	236	2	238	147	73	220	4	89	0	93	95	551
26	直罗组一段	科ZK01-75b1	192	2	194	81	164	245	4	102	2	108	110	547
27		科ZK01-80b1	177	1	178	110	146	256	5	104	1	110	111	544
28		科ZK01-94b1	162	2	164	136	23	159	0	218	0	218	220	541
29		科ZK01-98b1	167	3	170	138	41	179	2	180	2	184	187	533
30		科ZK01-102b1	229	4	233	152	84	236	3	68	1	72	76	541
31		科ZK01-105b1	391	1	392	51	26	77	1	49	0	50	51	519
32		PM03(4)b1	439	3	442	26	21	47	2	83	0	85	88	574
33		PM03(7)b1	417	2	419	43	21	64	2	91	2	95	97	578
34		PM03(10)b1	429	7	436	18	11	29	0	88	0	88	95	553
35		PM03(11)b1	464	3	467	26	3	29	0	53	1	54	57	550
36		PM04(1)b1	333	1	334	44	33	77	1	135	1	137	138	548
37		PM04(7)b1	458	2	460	34	19	53	2	57	0	59	61	572
38		PM04(10)b1	404	1	405	66	24	90	1	61	0	62	63	557
39		PM04(12)b1	207	1	208	149	56	205	2	139	1	142	143	555

注：Qt. 总体石英(Qm+Qp)；Qm. 单晶石英；Qp. 多晶石英；F. 长石(P+K)；P. 斜长石；K. 钾长石；Lt. 多晶质岩屑(L+Qp)；L. 不稳定岩屑(Lv+Ls+Lm)；Lv. 火山岩屑；Ls. 沉积岩岩屑；Lm. 变质岩岩屑；Σ. 颗粒总数。

Qm—P—K 图解（图 4-9 Ⅳ）中，砂岩样品落在陆块物源区与岩浆弧物源区之间，样品成熟度及稳定性纵向变化趋势不明显。综上所述，砂岩物源直罗组一段同于直罗组二段，砂岩物源主要来自与碰撞造山有关的岩浆弧物源，并混入部分陆块物源。

此外，直罗组二段及直罗组一段上部黑云母、长石含量普遍较高。其中黑云母含量达 1.92%～3.50%，稳定的白云母含量少，而不稳定的黑云母富集，指示陆源区较近；长石含量高于石英和岩屑含量，而长石碎屑主要来自于花岗岩、花岗片麻岩，并且只有在短距离搬运、迅速埋藏的情况下，才能保存下来不被分解，因此长石碎屑的富集，指示较近的花岗质物源区。

第三节 直罗组物源构造环境判别

Roser et al.(1986)在研究新西兰古生代浊积岩时,建立了 $w(K_2O/Na_2O)—w(SiO_2)$ 双变量图解用于不同板块构造环境下形成的砂岩进行判别,如图 4-10 所示,砂岩样大多落入活动大陆边缘区域,仅有 3 件样品落入被动大陆边缘;同时 Holland(1978)基于 Fe、Ti、Mg 在水-岩反应中的低活动性建立的 $w(TFe_2O_3+MgO)—w(TiO_2)$(图 4-11)、$w(TFe_2O_3+MgO)—w(Al_2O_3)/w(SiO_2)$(图 4-12)判别图表明,砂岩源岩形成于活动大陆边缘环境。

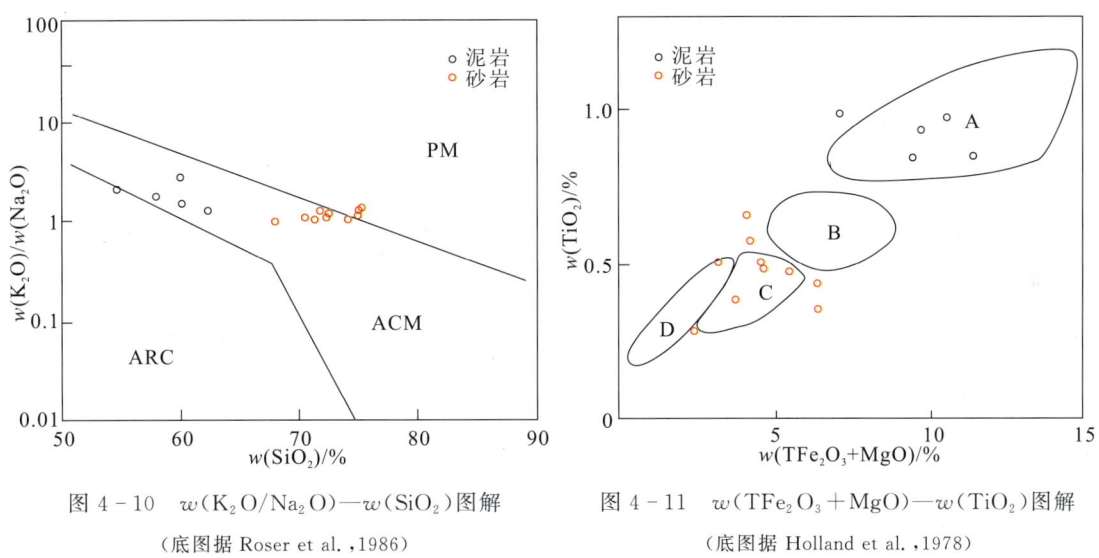

图 4-10 $w(K_2O/Na_2O)—w(SiO_2)$ 图解
(底图据 Roser et al.,1986)
PM. 被动大陆边缘;ACM. 活动大陆边缘;ARC. 大洋岛弧

图 4-11 $w(TFe_2O_3+MgO)—w(TiO_2)$ 图解
(底图据 Holland et al.,1978)
A. 大洋岛弧;B. 大陆岛弧;C. 活动大陆边缘;D. 被动大陆边缘

在微量元素方面,Bhatia et al.(1986)根据 La、Th、Sc、Co、Zr 等更具稳定性的微量元素和稀土元素总结出了适用于砂岩及泥岩样品的 Ti/Zr—La/Sc、La—Th—Sc 及 Th—Co—Zr/10 构造环境判别图解,利用这些判别图解的综合分析,可以对前述常量元素判别图解及稀土元素特征参数对比结果做进一步的补充和论证。

直罗组沉积物样品微量元素和稀土元素在 Ti/Zr—La/Sc 图解(图 4-13)中大多数落在活动大陆边缘区域,少量分散在大陆岛弧,部分泥岩样品落在活动大陆边缘区域上方。在 La—Th—Sc 图解(图 4-14)中,大多数直罗组泥岩样品比较一致地落在大陆岛弧区域内,砂岩样集中于大陆岛弧区域上方。在 Th—Co—Zr/10 图解(图 4-15)中,绝大多数样品落在大陆岛弧区域内及其周围。以上构造判别图解的分析表明,源区构造背景除主要与活动大陆边缘相关外,与大陆岛弧也有较多联系,这与华北板块北缘显生宙以来存在的大量中酸性岩浆岩在时空上有很好的呼应。

另一方面,通过对直罗组砂岩碎屑组分统计分析,并对样品进行投图,样品在维罗尼

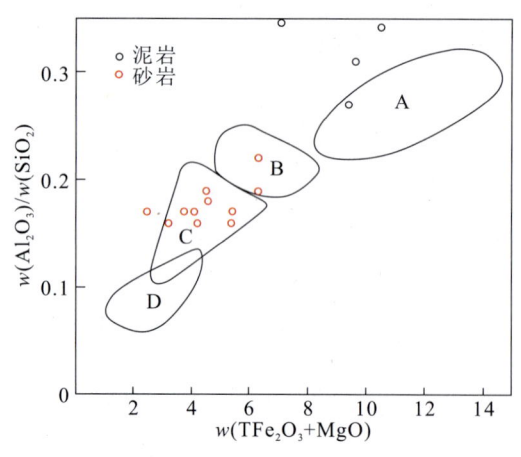

图 4-12 $w(TFe_2O_3+MgO)—w(Al_2O_3)/w(SiO_2)$ 图解

（底图据 Holland et al., 1978）

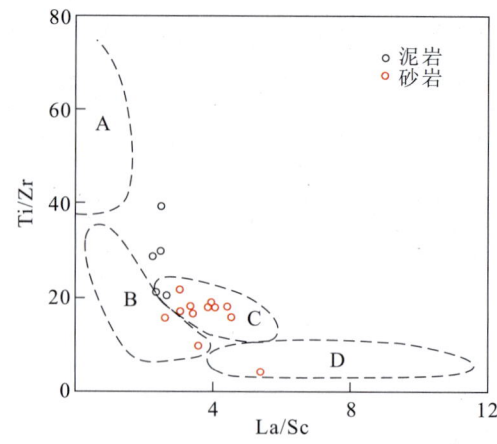

图 4-13 Ti/Zr—La/Sc 图解

（底图据 Bhatia et al., 1986）

A. 大洋岛弧；B. 大陆岛弧；C. 活动大陆边缘；D. 被动大陆边缘

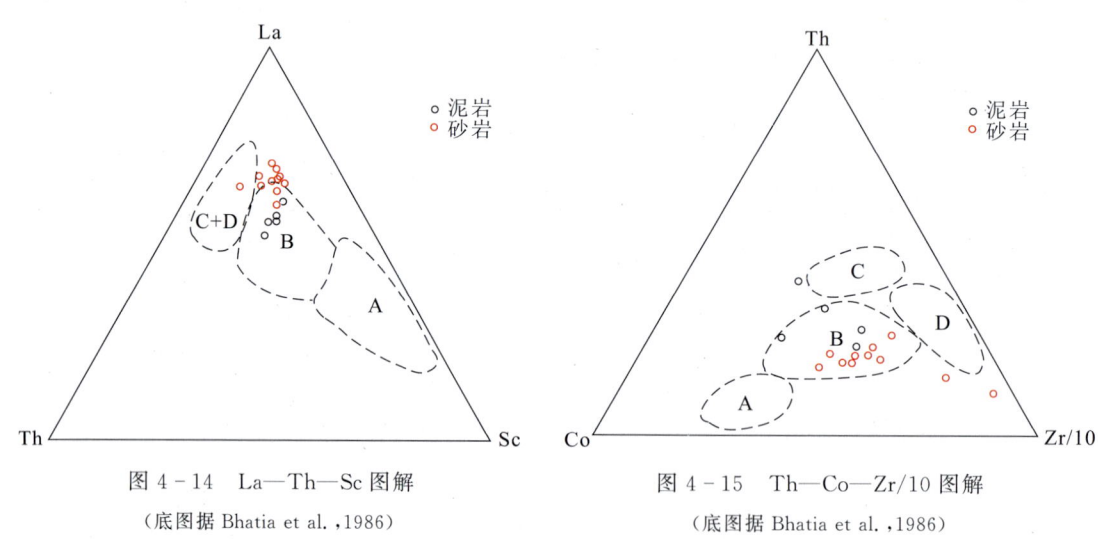

图 4-14 La—Th—Sc 图解

（底图据 Bhatia et al., 1986）

图 4-15 Th—Co—Zr/10 图解

（底图据 Bhatia et al., 1986）

A. 大洋岛弧；B. 大陆岛弧；C. 活动大陆边缘；D. 被动大陆边缘

和梅纳德(1981)的 QFL 图解中主要落入活动陆缘消减带型区域(LE1)及周边,极少落入弧后盆地型(BA)和被动边缘型(TE)(图 4-16A),在库克(1974)QFR 图中的点落入非稳定性的安第斯型活动边缘区(图 4-16B)。以上均说明源区构造属于不稳定的活动大陆边缘,且属于安第斯型活动大陆边缘,这与上述地球化学特征显示的结果是一致的。

综上所述,直罗组沉积物源区构造环境总体显示为活动大陆边缘或活动陆缘消减带,而且可能为安第斯型活动大陆边缘,与上节中分析的直罗组岩浆弧物源,并混入部分陆块的物源属性相辅相成。

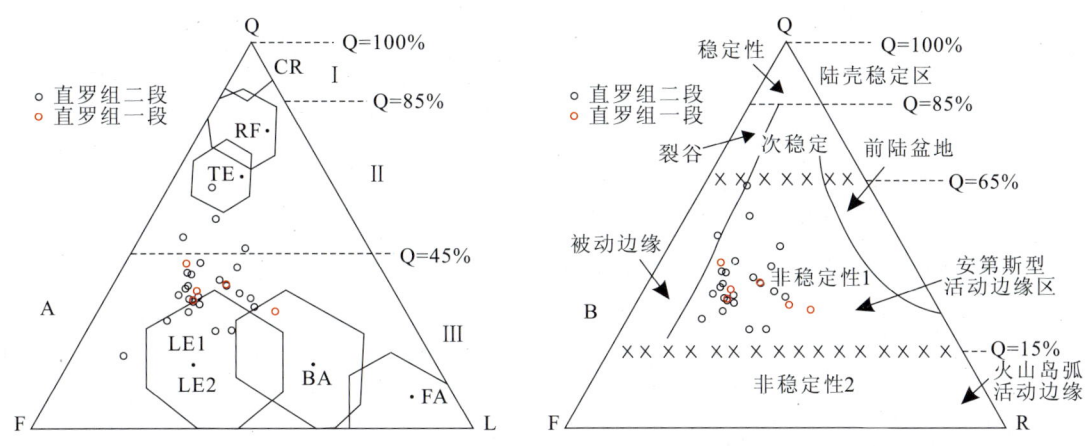

图 4-16 QFL、QFR 图解碎屑沉积模型

(QFL 图解底图据 Valloni and Maynard,1981;QFR 图解底图据 Crook,1974)

Q. 单晶石英;F. 单晶长石;L. 不稳定岩屑;R. 岩屑(包括多晶石英碎屑);CR. 稳定克拉通内浅海盆地型;
RF. 裂谷及断陷盆地型;TE. 被动边缘型;LE1. 活动陆缘消减带型;LE2. 活动边缘转换断层型;
BA. 弧后盆地型;FA. 弧前盆地型

第四节 直罗组物源探讨

区域上,前人利用地球化学分析、碎屑锆石 U-Pb 同位素示踪、碎屑组分分析等多重手段对鄂尔多斯盆地及其周缘直罗组物源做了大量研究工作(表 4-8),虽然研究地区所处构造位置不同,但总体认为直罗组物源来自于阴山、大青山、乌拉山等地区的显生宙、石炭纪及二叠纪花岗岩、花岗闪长岩、闪长岩等中酸性侵入岩,混入少量阴山、大青山、乌拉山、狼山等地区片麻岩、片岩、角闪岩、变粒岩等变质岩,部分观点认为可能来源于阿拉善地块。其中吴兆剑等(2013)通过研究东胜地区直罗组砂岩地球化学特征表明,鄂尔多斯盆地北侧的内蒙古地轴前寒武纪基底中大量存在的显生宙中酸性岩浆岩可能为东胜地区直罗组砂岩的主要物质来源,阴山地块前寒武纪 TTG 变质岩也提供部分碎屑物质;张龙等(2016)通过对鄂尔多斯北部地区直罗组砂岩的碎屑锆石和重矿物研究表明,物源主要来自于盆地北部的乌拉山—大青山和狼山的东部地区新太古代、古元古代和晚古生代的中酸性岩浆岩及新太古代、古元古代的变质岩;罗伟等(2015)对盆地西缘石岗沟地区直罗组碎屑锆石年龄的综合分析,显示天山-兴蒙褶皱带为直罗组最主要的物源区,华北板块结晶基底和贺兰山杂岩也具有一定的贡献;雷开宇等(2017)在鄂尔多斯盆地南部黄陵地区通过古水流向分析和直罗组砂岩碎屑锆石年龄谱与盆地周缘同位素年龄谱对比,显示盆地南部直罗组地层物源主体来自西北部的阿拉善地块,其源岩主要为花岗岩、花岗闪长岩、闪长岩等中酸性侵入岩及片麻岩、片岩、角闪岩、变粒岩等变质岩;王善博等(2018)通过对盆地西缘宁东地区直罗组下段稀土元素特征进行对比,推测直罗组物源主要来自盆地西北部阿拉善地块。

表 4-8　鄂尔多斯盆地及周缘直罗组物源研究结论一览表

序号	论文名称	作者	时间	研究地区	研究手段	物源区确定
1	鄂尔多斯盆地西缘石岗沟地区直罗组碎屑锆石 LA-ICP-MS U-Pb 年代学特征及物源区判定	罗伟,刘池洋等	2015 年	盆地西缘石岗沟地区	碎屑锆石 U-Pb 年代学	天山-兴蒙褶皱带为直罗组最主要的物源区,华北板块结晶基底和贺兰山杂岩也具有一定的贡献
2	鄂尔多斯盆地西缘宁东地区侏罗系含铀地层元素地球化学特征	王善博,杨君	2018 年	盆地西缘宁东地区	地球化学分析	推测研究区直罗组下段地层物源主要来自盆地西北部的阿拉善古陆
3	贺兰山—六盘山地区中侏罗统直罗组地球化学特征及其地质意义	罗伟,刘池洋	2016 年	贺兰山—六盘山地区	砂岩地球化学分析	主要物源为长英质岩石,混杂了少量古老沉积岩和基性岩或者深源物质与特殊矿物,并且后太古界提供主要物源。物源区可能为兴蒙造山带和祁连造山带
4	鄂尔多斯盆地北部侏罗系泥岩地球化学特征:物源与古沉积环境恢复	雷开宇,刘池洋等	2017 年	盆地北部杭锦旗地区	泥岩地球化学分析	阴山—大青山—乌拉山前寒武纪基底的片麻岩、麻粒岩、孔兹岩等变质岩系以及各时代侵入岩
5	鄂尔多斯盆地东胜地区直罗组砂岩的地球化学特征与物源分析	吴兆剑,韩效忠等	2013 年	东胜地区	砂岩地球化学分析	砂岩源区岩石可能形成于大陆弧-活动大陆边缘环境。物源为盆地北侧的显生宙闪长岩-花岗闪长岩
6	鄂尔多斯盆地南部中侏罗统直罗组沉积物源:来自古流向与碎屑锆石 U-Pb 年代学的证据	雷开宇,刘池洋等	2017 年	盆地南部黄陵地区	古流向及碎屑锆石 U-Pb 测年	黄陵地区直罗组地层物源主体来自西北部的阿拉善地块,其源岩主要为花岗岩、花岗闪长岩、闪长岩等中酸性侵入岩及片麻岩、片岩、角闪岩、变粒岩等变质岩
7	鄂尔多斯盆地北部中生代中晚期地层碎屑锆石 U-Pb 定年与物源示踪	雷开宇,刘池洋等	2017 年	盆地北部杭锦旗地区	碎屑锆石 U-Pb 测年	直罗组砂岩物源主体来自于大青山、阴山二叠世中酸性侵入岩,及阴山石炭纪中酸性侵入岩及基性岩,少量阴山的花岗质片麻岩、麻粒岩
8	鄂尔多斯盆地北东部直罗组下段砂体物质来源及沉积环境	张康,李子颖等	2015 年	盆地北东部地区	碎屑组分分析	推测物质来源主要为狼山、大青山及乌拉山
9	鄂尔多斯盆地北部砂岩型铀矿直罗组物源分析及其铀成矿意义	张龙,吴柏林	2016 年	盆地北部	碎屑锆石 U-Pb 测年	乌拉山—大青山和狼山的东部地区的新太古代、古元古代和晚古生代的中酸性岩浆岩及新太古代、古元古代的变质岩
10	鄂尔多斯盆地北缘侏罗纪延安组、直罗组泥岩微量、稀土元素地球化学特征及其古沉积环境意义	张天福,孙立新	2016 年	盆地北缘	砂岩地球化学分析	盆地北部的大青山—乌拉山—集宁地区前寒武纪变质岩和阴山造山带内古生代中酸性侵入岩可能是直罗组主要物源区,且源区性质以大陆边缘构造背景为主,部分为大陆岛弧背景

本次研究工作在收集古水流数据,分析岩石地球化学组分和岩石碎屑组分等基础上,对研究区直罗组物源进行探讨。研究区古水流数据主要是通过对野外调查和剖面沉积构造产状的测量来获取,实际工作中常选取交错层理构造前积层倾向。由于受到后期构造变动的影响而发生相应旋转和移动,所以必须根据古水流测点所在地层的产状对原始古流向数据进行校正,使其恢复至原始沉积时期的产状。在此基础上,采用校正后的数据绘制了研究区直罗组的古流向玫瑰花图(图4-17)。

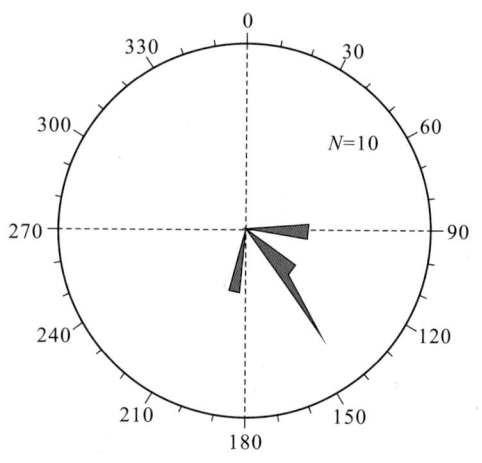

图4-17 直罗组古流向玫瑰花图

通过直罗组古流向玫瑰花图的平面展布来进行物源分析,显示研究区直罗组古水流主要集中在126°~148°之间,即古流向以向东南为主,表明直罗组地层沉积时期物源主要来自盆地西北方向。从鄂尔多斯盆地西缘及领区构造背景图(图4-18)上显示天山-兴蒙褶皱带、阿拉善北缘活动带、阿拉善较稳定地块均有可能为研究区直罗组沉积物质来源。

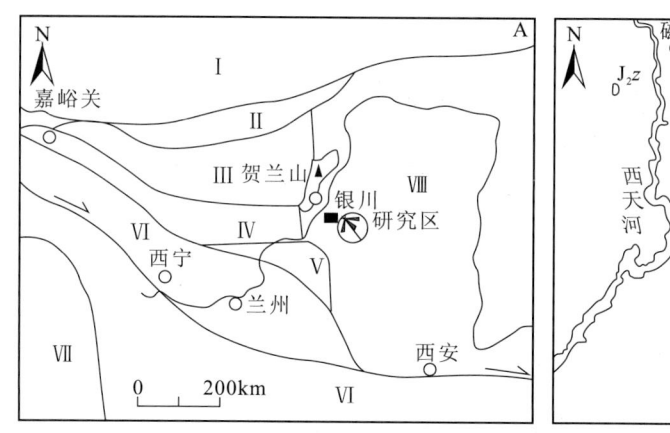 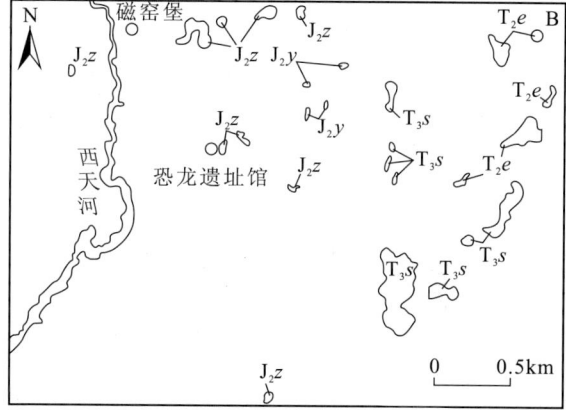

图4-18 鄂尔多斯盆地西缘与邻区构造背景图(A)及研究区地质简图(B)

Ⅰ.天山-兴蒙褶皱带;Ⅱ.阿拉善北缘活动带;Ⅲ.阿拉善较稳定地块;Ⅳ.走廊过渡带;Ⅴ.六盘山过渡带;
Ⅵ.祁连-秦岭褶皱带;Ⅶ.柴达木稳定地块;Ⅷ.华北克拉通;Q.全新统;J_2z.直罗组;
J_2y.延安组;T_3s.上田组;T_2e.二马营组

研究区直罗组砂岩主要为岩屑长石砂岩,成熟度低,碎屑组分中大量不稳定黑云母、长石富集指示碎屑物质搬运距离短,沉积速度较快,没有经过一个较高程度或者多旋回的分选作用,能较好地指示源岩组成特征。

周良仁(1989)对阿拉善地台186个各类岩石测得的同位素年龄主峰值在海西-印支期,与西缘石岗沟地区直罗组砂岩锆石年龄频谱主峰值[230~310Ma和340~400Ma(罗伟等，2015)]一致,但同时也获得加里东期形成的岩石数据,虽然阿拉善地台邻近鄂尔多斯盆地西缘,但是却不是直罗组地层的物源区。

从区域地质背景来看,奥陶纪末期—早志留世初期由于祁连地区发生从大洋俯冲到大陆初始碰撞的转换,在研究区南—西南方向形成祁连造山带(张进等,2000；徐亚军等,2013)。二叠纪末期由于西伯利亚地块和华北地块发生碰撞,位于两地块间的古亚洲洋闭合,在研究区的北方形成兴蒙造山带(张文等,2013)。因此研究区直罗组的主要物源可能来自于这2个方向因大洋闭合和陆-陆碰撞形成的大陆岛弧区,即兴蒙造山带和祁连造山带都可能给研究区提供物源。而研究区直罗组地层古流向玫瑰花图显示研究区直罗组古水流主要集中在126°～148°之间,表明研究区直罗组物源可能来自于兴蒙造山带。

同时,鄂尔多斯盆地北部直罗组碎屑锆石年龄频谱主峰值[251～308Ma 和 322～354Ma(张龙,2016)]和西缘石岗沟地区直罗组砂岩锆石年龄频谱主峰值[230～310Ma 和 340～400Ma(罗伟等,2015)]与华北板块北缘广泛分布的晚古生代岩浆岩可以良好对应,东西向带状分布的石炭纪—二叠纪岩浆岩的形成与古亚洲洋向华北板块的俯冲作用相关(Zhang et al.,2010；Tong et al.,2010),这一时期华北板块北缘发育安第斯型陆缘弧。与研究区砂岩的碎屑组分物源区判别显示岩浆弧物源区为主要物源区,并具有碰撞造山带物源区的性质,物源区构造环境总体显示为活动大陆边缘或活动陆缘消减带,而且与安第斯型活动大陆边缘一致。因此,研究区直罗组物源主要来自于兴蒙造山带。

除此之外,直罗组沉积物的地球化学特征指示的源岩属性及沉积物碎屑中岩屑的组分特征显示研究区直罗组源岩可能主要为中酸性岩,混有长英质、基性岩,并且可能具有TTG 属性,表明了直罗组物源的复杂性,具多个物源的特征。雷开宇等(2017)在鄂尔多斯盆地北部杭锦旗地区的直罗组砂岩中获得砂岩一组峰值年龄为 2.6～2.5Ga,与盆地北部阴山主要分布 2.6～2.5Ga 的 TTG 片麻岩、麻粒岩(赵国春,1999)的事实相吻合,碎屑锆石主体来自于阴山的花岗质片麻岩、麻粒岩的贡献。与此同时,罗伟等(2015)在盆地西缘石岗沟地区直罗组砂岩碎屑锆石年龄最老峰值为 2.6～1.6Ga,这与贺兰山基底变质岩系——孔兹岩带形成于 1.95Ga 的阴山地块与鄂尔多斯地块陆-陆碰撞作用一致(赵国春,2009),与贺兰山形成于同碰撞构造环境的 S 型花岗岩(1958±30)Ma(李正辉,2013)、(1922±31)Ma 年龄(刘金科等,2016)以及贺兰山孔兹岩系古元古代 1.95Ga 这期构造热事件吻合。研究区直罗组地球化学显示的源岩 TTG 属性可能来自于就近的贺兰山杂岩的贡献。

综上所述,对直罗组地层的综合分析,显示直罗组物源的复杂性,可能存在多个物源区,但主要来自于天山-兴蒙褶皱带,贺兰山杂岩也具有一定贡献。

第五章　直罗组沉积环境特征及演化

前文已述及灵武恐龙化石赋存于中侏罗统直罗组二段,为了进一步恢复恐龙生活环境,对直罗组尤其是直罗组二段的沉积环境分析尤为重要。本章通过研究直罗组充填序列、沉积构造及样品测试成果来分析直罗组沉积相,在此基础上,利用粒度分析、孢粉、植物化石组合及元素地球化学等手段研究沉积环境的特征及演化。

第一节　直罗组沉积相分析

本节以钻探资料为主,辅以剖面资料对研究区沉积相进行系统分析。宁东地区直罗组自下而上分为两段,主要发育辫状河-曲流河沉积,不同演化阶段发育了不同的沉积体系类型,在各沉积体系中分别发育了不同的沉积相、沉积亚相和沉积微相。

一、曲流河沉积相

该类沉积体系广泛分布在直罗组二段。剖面垂向层序具典型的"二元结构",即由下部推移载荷形成的粗碎屑质河道充填沉积和上部悬移载荷形成的细碎屑质洪泛平原沉积组成,构成向上变细的正旋回层序。曲流河基底冲刷面向上,依次为滞留沉积、大型槽状交错层理、中型槽状交错层理、板状交错层理、平行层理及小型交错层理。在剖面上可以是完整的序列,也可以是不完整的旋回叠置成的厚砂体。

研究区直罗组发育河床亚相、堤岸亚相和河漫亚相。

(一)河床亚相

研究区直罗组中出现有 3 套河床亚相沉积(图 5-1),基本特征类似,基底冲刷面起伏较大,岩石类型以砂岩为主,次为砾岩,粒度较粗。上部河床亚相沉积粒度稍细,细碎屑组分具增加之势。河床亚相沉积具有明显的粒度向上变细的沉积层序(图 5-2),由河床滞留微相和边滩微相两部分组成,上部缺失河床滞留沉积。

1.河床滞留微相

研究区河床滞留沉积主要分布于直罗组二段,可见 3 套河床滞留沉积,与边滩沉积构成河床亚相。具有粒度明显向上变细、沉积厚度逐渐变薄的特征。分布于直罗组二段下部的河床滞留沉积厚 21.87m,主要为灰白色、浅灰紫色砾岩(图 5-3),灰白色、浅紫红色

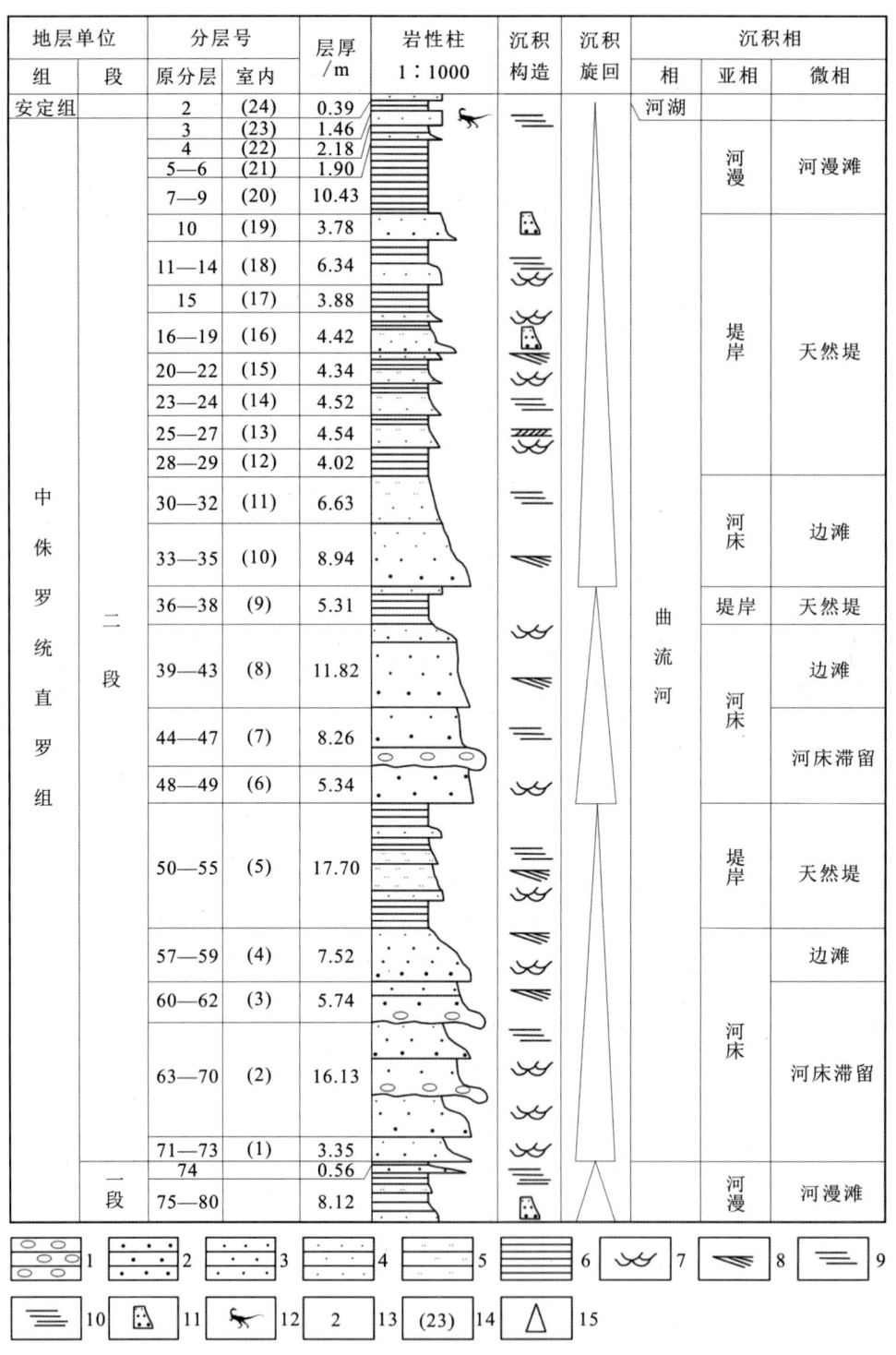

图 5-1 直罗组二段沉积相柱状图

1. 砾岩；2. 粗砂岩；3. 中砂岩；4. 细砂岩；5. 粉砂岩；6. 泥岩；7. 槽状交错层理；8. 板状交错层理；9. 平行层理；10. 水平层理；11. 粒序层理；12. 恐龙化石赋存位置；13. 岩芯编录分层号；14. 室内分层号；15. 沉积正旋回

第五章 直罗组沉积环境特征及演化

沉积特征		沉积环境
浅紫红色中粒岩屑长石砂岩，具平行层理		边滩沉积
灰白色中粗粒岩屑长石砂岩，发育平行层理，底部可见含泥砾层		
灰白色中粒岩屑长石砂岩，发育平行层理		
灰白色中粗粒岩屑长石砂岩，发育斜层理		
灰白—浅紫红色含砾粗砂岩，发育平行层理		河流滞留沉积
浅灰紫色砾岩，底冲刷面		

图 5-2 直罗组河床亚相沉积层序

图 5-3 滞留砾岩　　　　　　　　　图 5-4 滞留相含砾粗砂岩

含砾粗砂岩(图 5-4)和灰白色、灰紫色、浅紫红色中粒、中粗粒岩屑长石砂岩，其中砾岩厚 0.22～0.74m，砾石为棕灰色泥岩、粉砂质泥岩，分选差，多呈棱状—次棱状，粗砂质胶结，砾石自下而上逐渐变少、变小，砂岩中平行层理、槽状交错层理发育；分布于直罗组二段上部的河床滞留沉积厚 13.60m，主要为灰绿色砾岩和灰白色、浅紫红色中粗粒岩屑长石砂岩，其中砾岩厚可达 2.36m，砾石以灰绿色泥岩为主，呈次棱状—棱角状，分选差，砂质胶结，砾岩中层理不清，呈块状，砂岩中平行层理、斜层理发育。

河床滞留相岩性缺少动植物化石，仅见破碎的植物枝、干等残体。

2. 边滩微相

边滩又称"点沙坝"，是曲流河中最重要、最具特色的部分。在研究区直罗组曲流河沉积中发育较广，是河床侧向侵蚀、沉积物侧向加积的结果。

研究区直罗组二段可见3套边滩沉积,其中分布于直罗组二段下部的主要为灰紫色、浅紫色、灰白色中粒—粗粒岩屑长石砂岩,发育平行层理、斜层理、大型槽状交错层理、粒序层理;分布于直罗组二段中部的主要为灰白—浅紫红色钙质细粒岩屑长石砂岩、中粒岩屑长石砂岩、粗中粒长石砂岩夹粉砂岩,发育槽状交错层理、沙纹层理或波状层理、平行层理等;分布于直罗组二段上部的自下而上粒度逐渐变粗,下部为灰紫色中粗粒岩屑长石砂岩,向上为灰绿色粉砂质细砂岩夹灰紫色、灰褐色泥岩、粉砂岩,发育槽状交错层理、平行层理、波状纹层,偶见生物扰动痕迹。

综上所述,边滩沉积以中—粗粒砂岩为主,石英长石含量高,砂岩呈颗粒支撑结构,砂粒圆度一般不高,次棱角状占多数,分选中等—分选好,分选系数S_0为1.70~3.02,平均值2.17,标准偏差σ为0.34~0.67(表5-1),沉积物的成分成熟度一般较低。砂体呈多阶

表5-1 边滩微相砂岩粒度分析及其参数一览表

	样品号		科ZK01-35b1	科ZK01-39b1	科ZK01-41b1	科ZK01-43b1	科ZK01-43b2	科ZK01-49b1	科ZK01-57b1	科ZK01-59b1
各总体斜率/(°)		跳跃	76.3	59.1	81.0	76.4	72.2	77.0	75.5	75.9
		跳跃次总体		73.1						
		悬浮	18.8	5.1	22.7	8.5	12.1	6.2	20.4	12.1
截点ϕ值		S_1	2.15	2.85	1.75	1.65	1.95	1.85	1.75	1.55
		S_2		3.75						
粒级百分含量/%	粗砂	0~0.5			0.52	0.30	2.91	0.51	1.40	0.34
		0.5~1	0.51		1.90	9.56	18.30	2.04	2.81	21.88
	中砂	1~1.5	11.51	0.51	73.26	59.77	52.49	60.46	47.51	52.38
		1.5~2	52.99	9.00	19.35	25.33	22.74	29.89	34.54	16.54
	细砂	2~2.5	16.76	13.08	2.94	1.97	2.05	3.91	7.54	3.79
		2.5~3	6.43	21.57	0.52	0.30	0.17	0.51	2.28	1.38
	极细砂	3~3.5	3.56	38.38	0.17	0.30	0.17	0.34	1.05	0.34
		3.5~4	2.03	13.25	0.17	0.15	0.17	0.17	0.53	0.17
	粗粉砂	4~4.5	1.02	1.87	0.17	0.15		0.17	0.18	0.17
		4.5~5	0.68	0.17		0.15			0.18	
	细粉砂	5~5.5	0.34	0.17						
		5.5~6	0.17							
	黏土杂基		4.00	2.00	1.00	2.00	1.00	2.00	2.00	3.00
粒度参数		M_z	2.00	2.95	1.38	1.37	1.27	1.45	1.56	1.30
		σ	0.67	0.62	0.34	0.40	0.42	0.37	0.51	0.46
		S_k	2.06	-0.33	2.60	2.25	0.42	1.90	1.58	1.54
		K	8.73	2.93	18.01	17.35	5.74	12.58	9.16	8.39
		Q_1	0.55	0.17	1.23	1.23	1.93	1.18	1.06	1.52
		Q_3	0.26	0.10	0.69	0.59	0.64	0.51	0.47	0.74
		$S_0=Q_1/Q_3$	2.12	1.70	1.78	2.08	3.02	2.31	2.26	2.05

注:M_z.平均粒度;σ.标准偏差;S_k.偏度;K.峰态;S_0.分选系数。

性,沿古流方向侧向加积。常见层间冲刷面,以底部冲刷面最为明显。冲刷面凹凸不平,对下伏地层有较强的冲刷作用,具有向上变细的垂向层序,底部常存在较粗的滞留沉积,顶部过渡为细的泛滥盆地沉积;随着粒度向上变细,交错层理的规模也由大变小,层理类型由大型的交错层理过渡到小型的交错层理、攀升沙纹层理等(图5-5)。

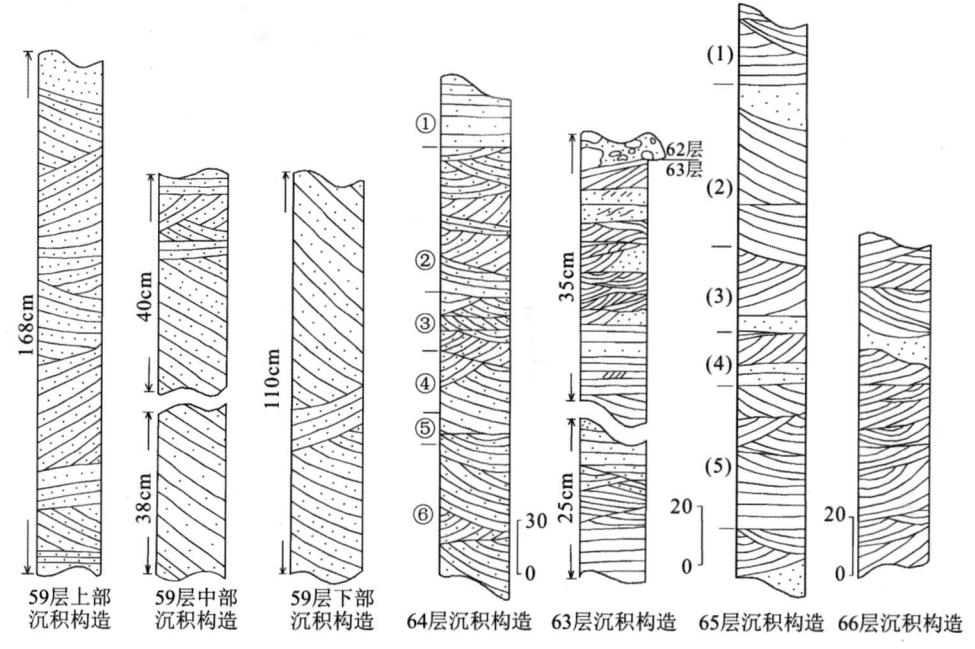

图5-5 曲流河边滩微相沉积构造(图中比例尺单位为cm)

边滩砂岩中局部可见植物碎片,出露厚约2~8mm,均已碳化,纹理不清,难以分辨,仅见轮廓。边滩砂岩中的槽状交错层理、斜层理所测得的古流向为126°~141°,具有明显的单向性,总的流向向南东。

边滩砂岩的粒度概率累积曲线皆为两段式,由跳跃、悬浮两个总体组成,缺乏滚动总体(图5-6A),跳跃总体含量相对较高,为74.60%~96.44%,跳跃总体斜率高达72.2°~81.0°,个别存在跳跃次总体,斜率为73.1°,悬浮总体组分低,斜率只有5.1°~22.7°,S_1点为$(1.55\sim2.85)\phi$,S_2点为3.75ϕ(表5-1)。这些特点与典型边滩砂岩粒度曲线特征基本一致。悬浮总体的存在及跳跃总体斜率偏高,表明当时水体水流相对稳定。

(二)堤岸亚相

堤岸亚相在垂向上发育在河床沉积的上部,属河流相的顶层沉积。与河床沉积相比,其岩石类型简单,粒度较细,以小型交错层理发育为主。可进一步划分为天然堤和决口扇两个沉积微相,研究区以出露天然堤沉积为主,天然堤微相为洪水期河水漫过河岸时携带的细、粉砂级物质沿河床两岸堆积,形成平行河床的砂堤,称天然堤。粒度比边滩沉积细,比河漫滩沉积粗。

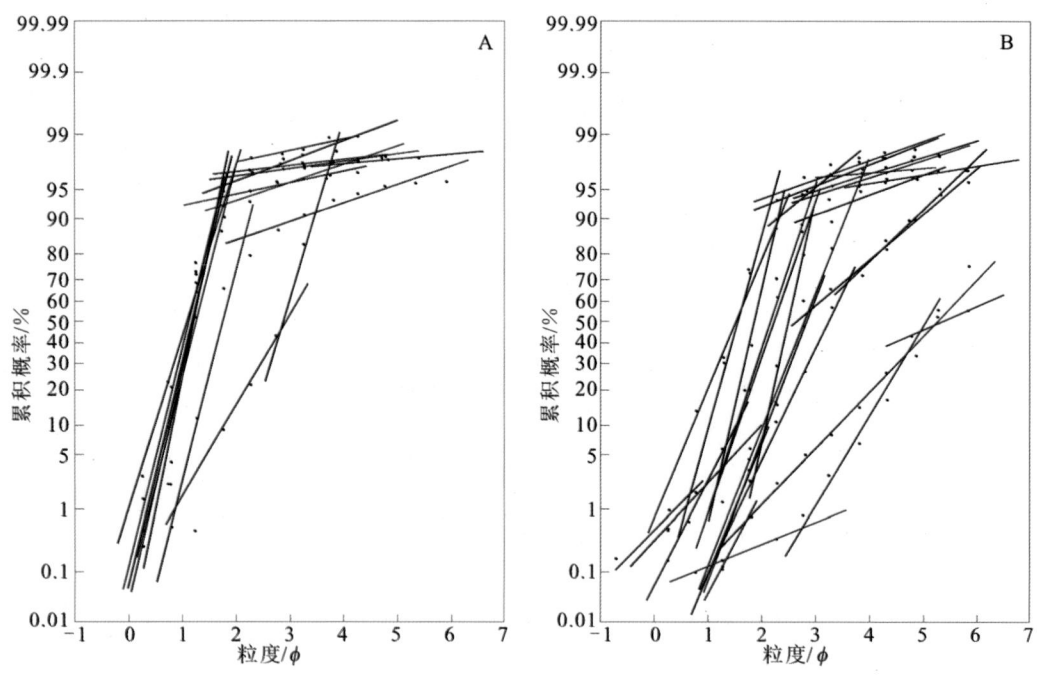

图 5-6 河床砂岩粒度概率累积曲线
A. 边滩微相粒度概率累积曲线；B. 天然堤微相粒度概率累积曲线

研究区直罗组二段可见 3 套天然堤沉积，其中分布于直罗组二段下部的主要为灰色、灰绿色钙质细粒长石岩屑砂岩与粉砂岩、粉砂质泥岩、泥岩互层，常发育斜层理、波状层理、水平层理、小型槽状交错层理；分布于直罗组二段中部的主要为灰绿色块状泥岩夹灰绿色泥质粉砂岩、细砂岩，发育小型槽状交错层理；分布于直罗组二段上部的主要为灰绿色、棕灰色细粒长石岩屑砂岩、钙质细粒岩屑长石砂岩、细中粒岩屑长石砂岩与灰绿色、灰色含细砂黏土质粉砂岩、泥岩互层，砂岩中发育正粒序层理、槽状交错层理、斜层理，粉砂岩中发育水平层理、槽状交错层理、波状交错层理、虫迹等（图 5-7），泥岩偶见灰绿色、灰紫色、紫色相间形成杂色层。

天然堤砂岩的粒度概率累积曲线主体为两段式，偶夹有个别三段式，由悬浮、跳跃两个总体组成，主体缺乏滚动总体（图 5-6B），个别含有少量滚动总体。跳跃总体含量相对较高，跳跃总体斜率高达 45.0°～70.9°，个别存在跳跃次总体，斜率 38.7°～79.3°，悬浮总体组分低，斜率只有 5.5°～28.1°，个别悬浮总体组分较高，斜率达 39.9°～45.9°，S_1 点为 $(0.85\sim2.65)\phi$，S_2 点为 $(1.65\sim4.65)\phi$（表 5-2），分选度 S_0 为 1.48～2.71，平均为 1.93，岩石整体分选性较好。悬浮总体、少量滚动总体的存在及跳跃总体斜率偏高，表明当时水体震荡较强。

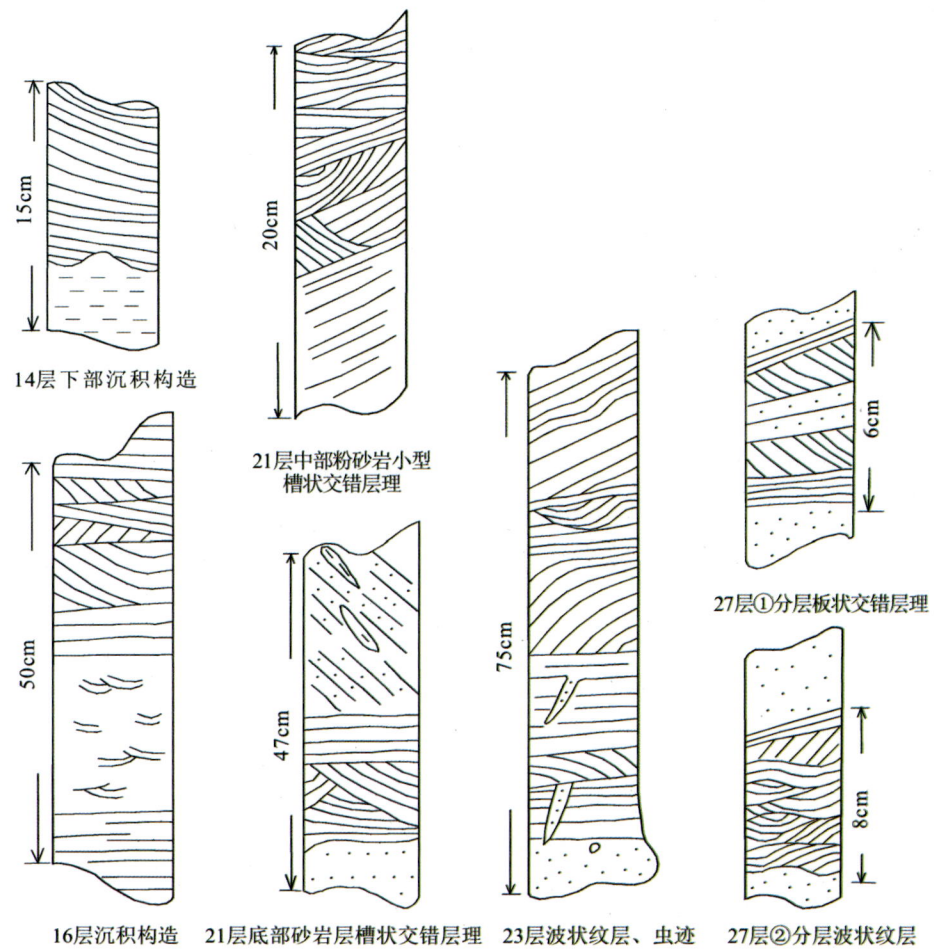

图 5-7 曲流河天然堤微相沉积构造

(三)河漫亚相

河漫亚相位于天然堤外侧,这里地势低洼而平坦,洪水泛滥期间,水流漫溢天然堤,流速降低,使河流悬浮沉积物大量堆积。它是洪水泛滥期间沉积物垂向加积的结果。

研究区直罗组二段上部广泛发育了河漫滩沉积微相,岩性主要为草绿色、蓝灰色、紫红色泥岩、粉砂质泥岩夹灰绿色细粒岩屑长石砂岩、粉砂岩(图 5-8),且灰绿色泥岩极为发育,粉砂岩中常发育各种小型洪水层理(波状层理和斜波状层理)。

河漫滩细砂岩的粒度概率累积曲线为一段式,为多个次悬浮总体组成(图 5-9),悬浮总体斜率高达 $47.9°\sim53.9°$,局部可达 $75°$,标准偏差 $\sigma=0.75$,岩石分选中等,偏度 $S_k=-0.53$,为负偏态,沉积物以细组分为主,即细砂、粉砂组分较高,表明当时水体溢过河堤流速降低,使河流中悬浮沉积物大量堆积。

表 5-2　天然堤微相砂岩粒度分析及其参数一览表

样品号			科ZK01-10b1	科ZK01-12b1	科ZK01-13b1	科ZK01-15b1	科ZK01-19b1	科ZK01-23b1	科ZK01-26b1	科ZK01-27b1	科ZK01-31b1	科ZK01-34b1
各总体斜率/(°)		滚动		20.0								
		跳跃	70.9	59.0	45.0	67.0	46.0	62.0	67.2	62.1	69.9	64.9
		跳跃次总体			76.0	78.0	73.0	79.3	38.7			
		悬浮	17.8	22.0	16.0	20.0	17.0	28.1	5.5	45.9	39.9	44.3
截点 ϕ 值		S_1		2.65	0.85	1.95	1.35	1.55	2.25			
		S_2	3.00	4.65	2.15	2.95	2.95	2.45	3.35	1.65	2.95	3.65
粒级百分含量/%	细砾	$-1\sim-0.5$			0.18							
		0.50										
	粗砂	$0\sim0.5$			0.36		0.51	0.17	1.00			
		$0.5\sim1$			1.24		1.20	0.52	12.13			
	中砂	$1\sim1.5$	1.23		27.7	0.32	2.05	5.02	18.77	0.12	0.17	0.16
		$1.5\sim2$	19.14	0.10	42.96	2.92	15.73	34.28	41.19	0.69	5.60	2.76
	细砂	$2\sim2.5$	49.53	0.19	20.06	25.34	40.88	46.40	16.78	1.50	9.84	8.60
		$2.5\sim3$	18.62	0.57	3.20	49.06	25.14	7.10	4.48	2.66	32.73	15.90
	极细砂	$3\sim3.5$	7.38	2.00	1.24	11.70	7.18	2.94	1.83	3.01	15.77	31.47
		$3.5\sim4$	1.23	3.62	0.53	4.39	2.91	1.04	0.50	6.13	7.29	12.65
	粗粉砂	$4\sim4.5$	0.35	9.71	0.36	2.11	1.88	0.35	0.17	11.46	11.53	11.03
		$4.5\sim5$	0.35	25.52	0.18	0.16	0.34	0.17	0.17	11.69	7.29	6.97
	细粉砂	$5\sim5.5$	0.18	9.24			0.17			17.13	3.90	5.35
		$5.5\sim6$		3.05						23.61	1.87	2.11
	黏土杂基		2.00	46.00	2.00	4.00	2.00	2.00	3.00	22.00	4.00	3.00
粒度参数		M_z	2.35	4.64	1.77	2.73	2.42	2.11	1.69	4.80	3.29	3.48
		σ	0.51	0.60	0.52	0.49	0.63	0.48	0.61	0.96	0.96	0.90
		S_k	1.24	-0.95	1.03	0.79	0.51	0.95	0.55	-1.06	0.63	0.48
		K	6.74	5.08	7.82	4.74	5.28	6.85	4.70	3.64	2.69	2.88
		Q_1	0.31	0.06	0.69	0.22	0.30	0.39	0.69	0.07	0.19	0.14
		Q_3	0.21	0.04	0.31	0.14	0.17	0.23	0.34	0.03	0.07	0.07
		$S_0=Q_1/Q_3$	1.48	1.50	2.23	1.57	1.76	1.70	2.03	2.33	2.71	2.00

注：M_z. 平均粒度；σ. 标准偏差；S_k. 偏度；K. 峰态；S_0. 分选系数。

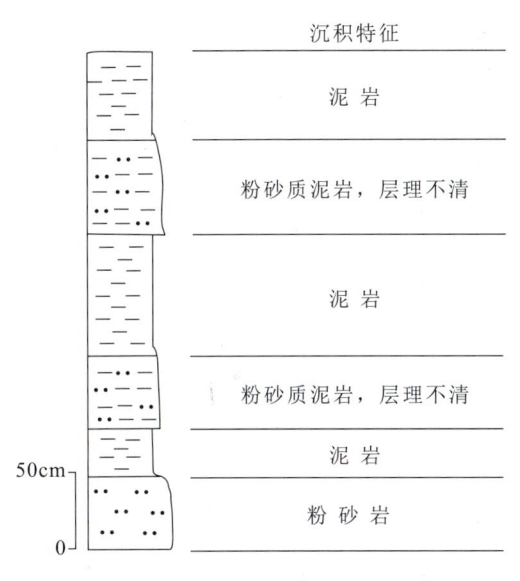

图 5-8 河漫滩沉积特征

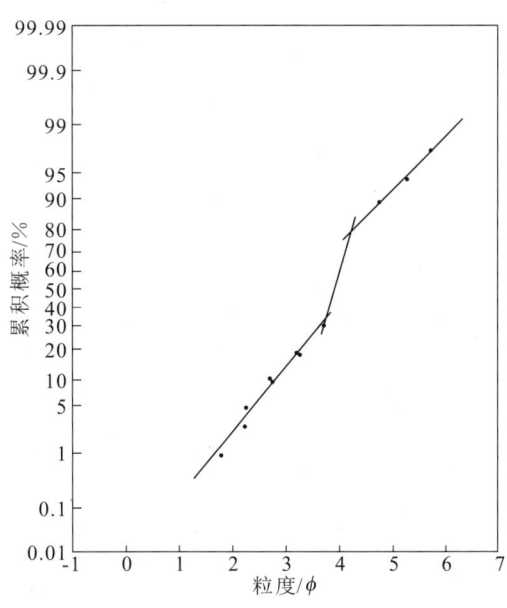

图 5-9 河漫滩细砂岩粒度概率累积曲线

二、辫状河沉积相

该类沉积体系在研究区直罗组一段广泛发育,是一种高能量、低弯曲度多河道系统,河道不固定常分叉汇聚。研究区主要发育河床和河漫两种亚相类型(图 5-10)。

(一)河床亚相

辫状河床沉积在直罗组一段广泛发育。岩性主要为浅灰色、灰白色粗砂岩、中砂岩;泥质岩层较薄或很少发育。由于多期河道纵向叠置,砂体厚度大,单层砂体平均厚度20m。垂向剖面上表现为旋回不完整且彼此叠置的巨厚砂层,在直罗组底部形成了有名的"七里镇砂岩",该套砂岩厚度大,底冲刷构造发育,区域分布特征明显,容易进行地层对比。

河床沉积的下部为大型槽状交错层理的粗砂岩,位于河道基底冲刷面之上,通常含滞留沉积,常见槽状交错层理、斜层理(图 5-11)、浪成波痕(图 5-12)、沙纹层理、小型交错层理、虫迹(图 5-13)。辫状河道沉积对下伏的延安组强烈冲刷,下切作用十分明显,造成延安组上部第五、第四岩性段减薄或缺失。该类沉积相岩性自下而上显示正旋回层序(图 5-10)。研究区以"七里镇砂岩"为代表。

河床砂岩中可见植物化石新芦木 Neocalamites sp. 和石籽 Carpolithus sp.,以及淡水双壳化石"Cuneopsis" johanisboehmi (Frech)。

辫状河河床砂岩的粒度概率累积曲线以跳跃总体为主,一般为两个跳跃次总体,少量发育悬浮总体,极少出现滚动总体(图 5-14A),跳跃总体的含量相对较高,跳跃总体斜率高达 $60.0°\sim74.9°$,跳跃次总体斜率 $44.9°\sim53.8°$,悬浮总体组分低,斜率只有 $12.8°\sim35.7°$,S_1 点为 $(0.20\sim2.75)\phi$,S_2 点为 $(2.50\sim4.35)\phi$,滚动总体斜率为 $12.3°$,T 点为 0.20ϕ(表 5-3)。砂岩分选度 S_0 一般在 $2.03\sim2.89$,个别为 1.31,平均 2.16,整体分选

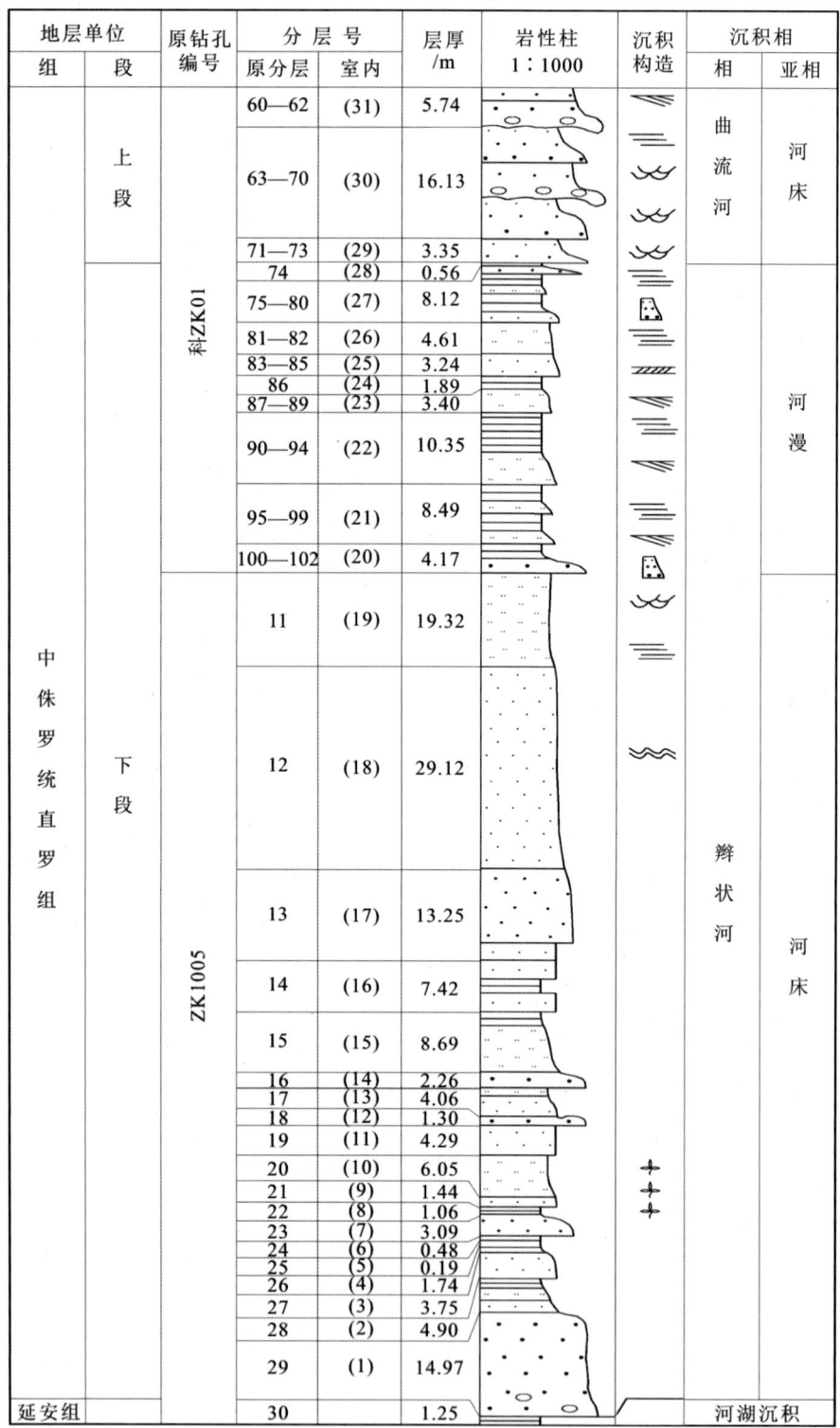

图 5-10 直罗组一段沉积相柱状图

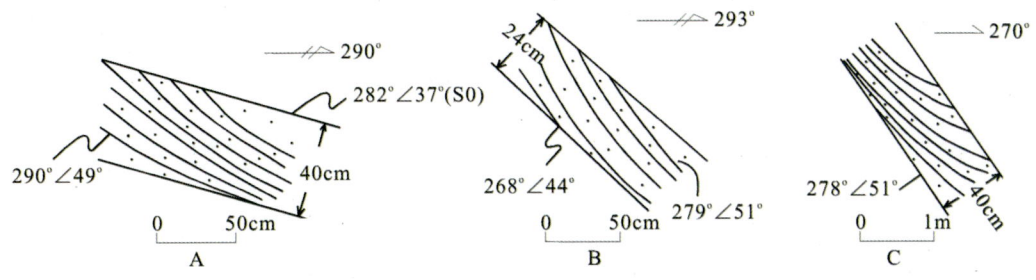

图 5-11 辫状河相斜层理
A. PM03(7)S1；B. PM03(8)S1；C. PM04(1)S1

图 5-12 浪成波痕

图 5-13 虫迹

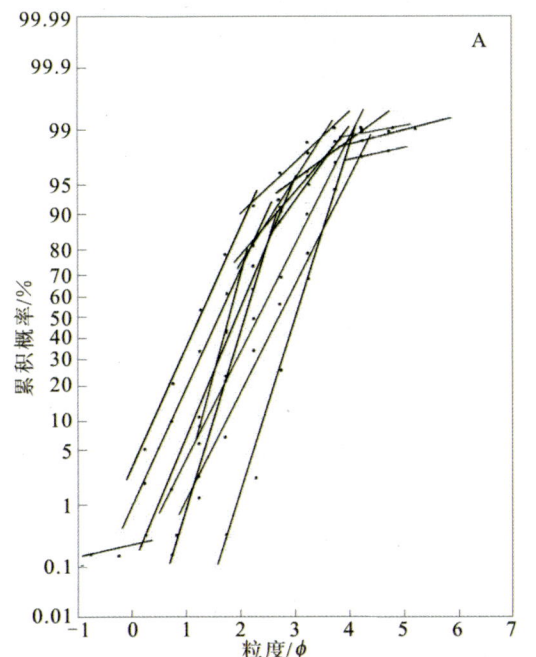

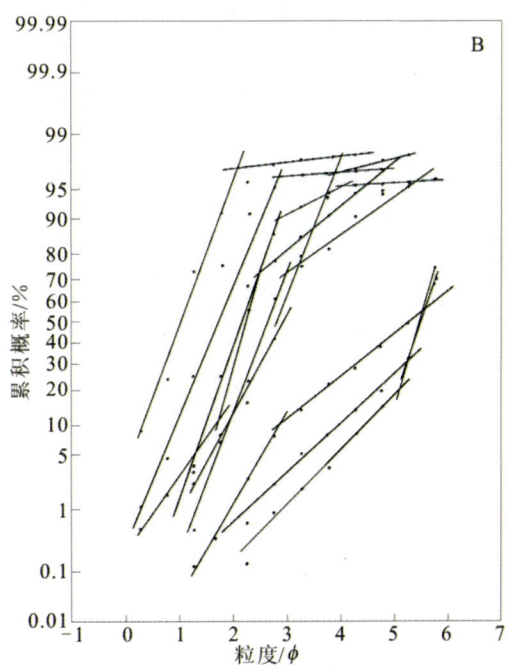

图 5-14 辫状河相砂岩粒度概率累积曲线
A. 河床沉积砂岩粒度概率累积曲线；B. 河漫沉积砂岩粒度概率累积曲线

中等,偏度 S_k 为 0.01～0.73,为正偏态,沉积物以粗组分为主。这些特点与河床砂岩粒度曲线特征基本一致。悬浮总体的存在及跳跃总体斜率偏高,表明当时水体水流相对稳定。

表 5-3 辫状河河床砂岩粒度分析及其参数一览表

样品号			PM03(4)b1	PM03(7)b1	PM03(10)b1	PM03(11)b1	PM04(1)b1	PM04(7)b1	PM04(10)b1	PM04(12)b1
各总体斜率/(°)		滚动		12.3						
		跳跃	62.7	67.1	65.5	60.0	70.5	74.9	72.4	61.2
		跳跃次总体			44.9	49.1		53.0	53.8	
		悬浮		35.7			15.2		12.8	
截点 ϕ 值		S_1		0.20				2.15	2.75	
		S_2		2.95	2.25	2.50	4.35		3.85	
粒级百分含量/%	细砾	−1～−0.5		0.17						
		0.5								
	粗砂	0～0.5		0.17		1.90				
		0.5～1				7.78			0.16	1.55
	中砂	1～1.5	2.23	10.09	5.06	23.68		8.66	1.11	3.97
		1.5～2	4.46	31.97	15.33	26.79	0.35	32.09	20.85	15.7
	细砂	2～2.5	26.09	30.09	32.78	21.78	1.93	40.92	41.22	27.25
		2.5～3	23.51	17.95	25.44	9.16	23.48	11.21	24.35	21.39
	极细砂	3～3.5	22.14	5.98	12.72	5.53	42.23	4.92	7.32	19.49
		3.5～4	15.79	2.05	4.73	1.38	26.11	1.19	3.34	7.76
	粗粉砂	4～4.5	3.60	0.51	2.61		4.56		0.48	1.90
		4.5～5	0.17		0.33		0.53		0.16	
	细粉砂	5～5.5					0.18			
		5.5～6								
	黏土杂基		2.00	1.00	1.00	2.00	1.00	1.00	1.00	1.00
粒度参数		M_z	2.87	2.17	2.51	1.84	3.31	2.12	2.39	2.57
		σ	0.68	0.61	0.67	0.71	0.46	0.51	0.54	0.72
		S_k	0.02	0.36	0.48	0.32	0.13	0.57	0.73	0.01
		K	2.52	4.05	3.28	2.89	3.50	3.59	4.01	2.67
		Q_1	2.10	1.50	1.82	1.10	2.80	1.50	1.74	1.90
		Q_3	3.13	2.30	2.70	1.87	3.20	2.20	2.48	2.76
		$S_0=Q_1/Q_3$	2.22	2.35	2.20	2.89	1.31	2.15	2.03	2.11

注:M_z. 平均粒度;σ. 标准偏差;S_k. 偏度;K. 峰态;S_0. 分选系数。

(二)河漫亚相

在辫状河沉积体系中,由于辫状河河道不断改道,河漫亚相较少发育,但是在研究区直罗组一段沉积时由于盆地的大幅沉积,沉积基准面快速上升,在部分区域地层中沉积了以泥岩、粉砂岩为主的河漫滩沉积。常见各种小型波状层理。

河漫沉积分布于直罗组一段上部,主要为灰绿色、灰紫色、棕色泥岩、泥质粉砂岩与灰绿色细粒长石岩屑砂岩互层,局部夹有碳质泥岩,发育平行层理、波状纹层,可见生物扰动痕迹,显示为较为低能环境。

河漫砂岩的粒度概率累积曲线主要为两段式,跳跃总体含量为 55.24%～95.88%,相对较低,斜率为 42.2°～70.3°,悬浮总体较河床相增加,高的可达 45% 左右,斜率高达 4.0°～38.9°,少量为两个次悬浮总体组成(图 5-14B),标准偏差 σ 为 0.51～0.84,平均 0.63,分选度 S_0 一般为 1.29～2.13,个别可达 3.18,平均 2.00($S_0=1.50$～2.00 为分选好),砂岩整体分选较好,个别分选较差;粉砂岩也为河漫沉积的主体,在粒度概率累积曲线上为两段式,悬浮总体组分较高,49.09%～92.40%,斜率可达 26.5°～70.1°,个别为 4.0°～14.1°(表 5-4),偏度为负,沉积物以细组分为主。表明当时水体溢过河堤流速降低,使河流中悬浮沉积物大量堆积。

表 5-4 辫状河河漫砂岩粒度分析及其参数一览表

	样品号		科 ZK01 -75b1	科 ZK01 -80b1	科 ZK01 -82b1	科 ZK01 -90b1	科 ZK01 -94b1	科 ZK01 -98b1	科 ZK01 -102b1	科 ZK01 -104b1	科 ZK01 -105b1
各总体斜率/(°)	跳跃		67.1	70.3	59.4	44.9	67.5	54.2	69.4	42.2	60.9
	跳跃次总体							74.3			68.4
	悬浮		4.0	26.5/3.4	37.9	70.1	35.6	38.9	6.4	68.0	14.1
截点 ϕ 值	S_1			2.75	2.75	5.05	2.95	1.85		5.15	2.65
	S_2		2.65	4.15				2.45	2.15		3.85
粒级百分含量/%	粗砂	0～0.5	1.04					0.51	8.49		
		0.5～1	3.31					1.02	13.62		
	中砂	1～1.5	20.20	3.62	0.12		0.51	1.53	50.95		2.13
		1.5～2	49.46	20.51	0.24		6.15	8.33	17.87		5.67
	细砂	2～2.5	17.07	42.74	2.05	0.13	16.57	43.85	4.95	0.64	7.62
		2.5～3	4.18	19.30	5.18	0.77	36.38	22.60	1.24	1.50	25.52
	极细砂	3～3.5	1.04	6.20	5.78	1.02	15.89	7.14	0.53	2.90	38.28
		3.5～4	0.35	2.24	7.47	1.41	5.64	5.75	0.18	3.12	14.53
	粗粉砂	4～4.5	0.17	0.69	6.87	4.73	9.22	3.74	0.18	4.51	3.19
		4.5～5	0.17	0.34	8.55	6.77	3.93	0.34		6.23	0.71
	细粉砂	5～5.5		0.17	10.48	16.49	1.37	0.17		13.00	0.35
		5.5～6		0.17	23.25	42.69	0.34			36.09	
	黏土杂基		3.00	4.00	30.00	26.00	4.00	5.00	2.00	32.00	2.00
粒度参数	M_z		1.76	2.34	4.64	5.34	3.01	2.54	1.28	5.17	3.04
	σ		0.51	0.58	1.10	0.63	0.81	0.68	0.54	0.84	0.64
	S_k		0.76	1.27	-0.65	-1.96	0.81	0.60	0.69	-1.55	-0.37
	K		6.91	7.02	2.25	7.02	3.40	4.64	5.91	4.55	3.90
	Q_1		1.22	1.80	3.20	4.80	2.26	1.90	0.74	4.28	2.35
	Q_3		1.78	2.24	5.30	5.45	3.10	2.57	1.32	5.40	3.20
	$S_0=Q_1/Q_3$		2.13	1.55	2.74	1.29	1.88	1.83	3.18	1.59	1.85

第二节　直罗组沉积环境特征

在前述直罗组沉积相的基础上,利用砂岩的粒度特征进一步证明直罗组河流沉积性质及河流形态,通过孢粉、植物化石组合特征分析沉积时期的古气候、古植被的变迁,通过元素地球化学的各项环境指示来分析沉积环境的水介质、水深、古氧化还原性等特征。

一、直罗组砂岩的粒度特征

沉积岩的粒度是受搬运介质、搬运方式及沉积环境等因素控制的,反过来这些成因特点必然会在沉积岩的粒度性质中得到反映,这正是我们应用粒度资料确定沉积环境的依据。

(一)萨胡判别公式计算结果

粒度分析在分析沉积环境中的应用通常运用沉积环境判别函数——萨胡判别公式。萨胡(Sahu,1964)采集了大量碎屑沉积物样品做了大量研究,其中有砾石、砂以及粉砂,采样的环境类型有河道、泛滥平原、三角洲、海滩、风坪、风成沙丘、浅海以及浊流,多数样品取自现代沉积物。他在碎屑沉积物研究中应用了判别分析,在对这些样品进行分析研究的基础上,求得了各类沉积环境间的判别函数。以萨胡判别公式为依据,我们分别用浅海与河流(三角洲)、河流(三角洲)与浊流判别函数对直罗组49个粒度分析样品进行了计算。在浅海与河流(三角洲)环境判别中,研究区直罗组砂岩 $\overline{Y}$ 为 -7.56,应属于河流相沉积。在河流(三角洲)与浊流环境判别中,研究区直罗组砂岩 $\overline{Y}$ 为 43.89,同样属于河流相沉积。

(二)海滩沙与河流沙的区分

弗里德曼(1969)对海滩沙与河流沙的区分做出了详细研究,他根据335个样品(其中180个河沙样品、150个海滩沙样品),作出了19张参数散点图,可不同程度地判别两个环境区域。本书在研究直罗组砂岩粒度分析时,选用了立方偏差平均值对标准差和偏差对标准差两组图(图5-15),其中粒度小于 $62\mu m$ 的选用作 6.0ϕ 处理。对49组样品进行投图,有效地区分了河流沙,投图显示直罗组砂岩几乎全部落入河流沙区域,仅3~4件落入海滩沙,确定了研究区直罗组为河流沉积(图5-15)。

(三)河流宽深比与河流弯曲度计算结果

在判别分析时,将薄片测得的河床砂岩粒径 ϕ 值大于 3.75ϕ 的粉砂泥质含量代入舒姆(S. A. Suhumm)1960年提出的河型判别经验公式:

$$F = 255 M^{-1.08} \tag{5-1}$$

式中,F 为河道宽深比值;M 为粉砂泥质含量。

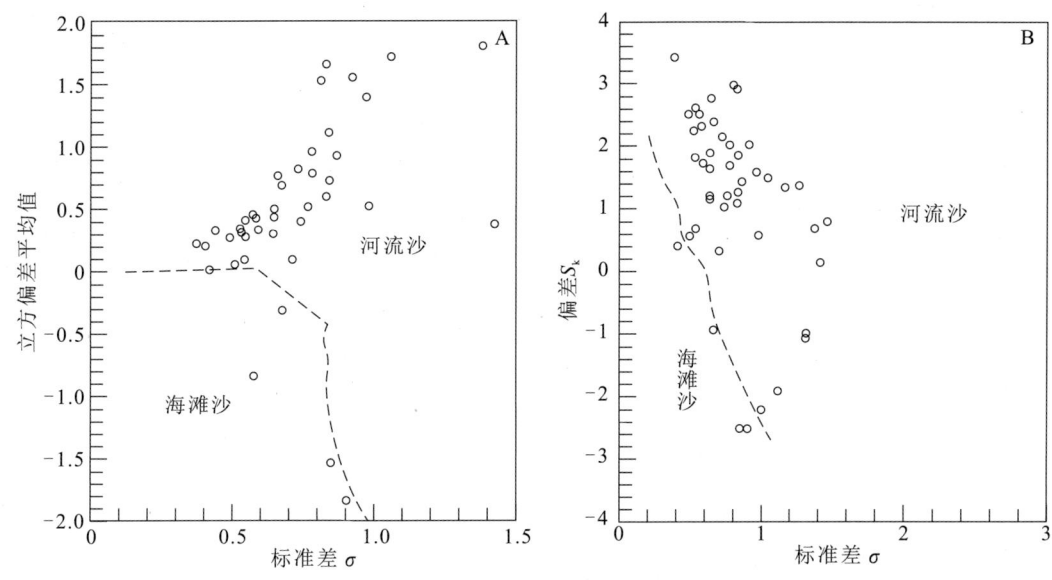

图 5-15 粒度分析资料散点图(底图据 Friedman,1961)
A. 立方偏差平均值对标准差散点图;B. 偏差对标准差散点图;粒度小于 $62\mu m$ 部分作为 6.0ϕ 处理

求得河道宽深比 F(表 5-5)。

再代入公式:

$$P = 3.5F^{-0.27} \quad (5-2)$$

式中,P 为河流曲率。

据式(5-1)、式(5-2)求得河道宽深比 F 和各粒度样品反映的河流曲率值 P(表5-5)。从表中可以看出,直罗组二段河流曲率为 1.00～2.32,平均值为 1.39;直罗组一段河流曲率为 1.01～1.99,平均值为 1.53。根据 Miall 的标准:$P<1.2$ 为低曲率,$1.2<P<1.5$ 为中等曲率,$P>1.5$ 为高曲率,则研究区应属中等曲率河流,其中直罗组二段由下而上河流曲率由 1.00 至 2.32 逐渐变高,直罗组一段变化不大,曲率向上变小。

表 5-5 直罗组河流宽深比与弯曲度统计表

参数	直罗组平均值	直罗组二段			直罗组一段		
		最小值	最大值	平均值	最小值	最大值	平均值
粉砂泥质含量 M	10.17	2.34	41.11	9.56	2.36	24.5	12.33
河流宽深比 F	44.02	4.61	101.81	45.98	8.06	100.88	37.16
河流曲率 P	1.42	1.00	2.32	1.39	1.01	1.99	1.53
样品数	27	21			6		

(四)河流宽度与古水深计算结果

采用河深计算公式:$\lg D_m = 0.827\,1\lg H_m + 0.890\,1$($D_m$ 为水深,H_m 为斜层理层系厚度)。

计算得本组河床砂岩中的板状交错层理层系厚度最小为 0.10m,最大为 0.80m,大部分为 0.20～0.60m,平均 0.40m。则计算所得最大水深为 6.46m,最浅时为 1.16m,一般水深在 2.05～5.09m 之间变化,平均水深 3.64m。上述计算出的河流最大宽度为 297.03m,最小宽度 53.34m,一般宽在 94.26～234.04m 之间变化,平均 167.37m(表 5-6)。

表 5-6　直罗组河流宽度和深度统计表

参数	平均值	最小值	最大值	一般层系厚度	
层系厚/m	0.40	0.10	0.80	0.20	0.60
河流深度/m	3.64	1.16	6.46	2.05	5.09
河流宽度/m	167.37	53.34	297.03	94.26	234.04

二、孢粉、动植物化石组合特征及对古植被、气候的指示

在研究区主要采获有孢粉和动植物化石,其中动植物化石种属单调,以新芦木 *Neocalamites* sp. 和纸氏"楔蚌"为主,对研究区古植被、气候分析有限。孢粉化石种类丰富,且丰度较高,可利用孢粉资料按照植被类型、气候带和干湿度类型分类来定量研究古气候变迁。

(一)孢粉化石

利用孢粉资料定量研究古气候的方法,有几种划分方案,张立平等(1994)将各孢粉属归类于喜热成分、喜温成分、喜寒成分、喜湿成分、喜干成分和水生成分 6 类。赵秀兰等(1992)、高瑞祺等(1994)将孢粉植被类型划分为针叶树、常绿阔叶树、落叶阔叶树、灌木和草本五大类,将孢粉气候带划分为热带、亚热带、温带及广温性的热带—亚热带、热带—温带植物五大类,将孢粉干湿度带划分为旱生、中生、湿生、水生和沼生五大类。王蓉等(1992)则通过用孢粉资料计算喜热系数(热带、亚热带分子与其他气候带分子之比)和旱生系数(旱生类型与中生、湿生、水生类型之比)来研究古气候。但根本上都是将孢粉按照不同的植被类型、气候带类型和干湿度类型进行划分。

区域上,2017 年孙立新等人对鄂尔多斯盆地北部延安组、直罗组孢粉化石进行古气候研究,研究显示延安组下部孢粉组合中,以裸子植物花粉稍占优势,平均含量为 51.74%;蕨类植物孢子次之,占 48.26%。延安组下部孢粉化石中桫椤科的 *Cyathidites* 和 *Deltoidospora* 的含量较高,占 17.18%,次为紫萁科的 *Osmundacidites*,平均占总量的 7.52%,反映植被中热带或亚热带潮湿地区的阔叶树为主。裸子植物中,松柏类两气囊花粉含量最高,以 *Pinuspollenites*,*Podocarpidites*,*Protoconiferus* 等最为常见,占 36.99%,指示为热—温带半干旱—半湿润气候条件;延安组下部组合植被类型反映温湿的亚热带型气候。延安组中上部孢粉组合中,以裸子植物花粉占优势,含量 38.67%～75.95%;蕨类植物孢子居次要地位,含量 24.05%～61.33%。蕨类中,光面的反映湿热的桫椤科 *Cyathidites* 和 *Deltoidospora* 数量最多,反映植被中热带或亚热带潮湿地区的阔叶树为主,紫萁科的 *Osmundacidites* 也有较高含量,植被以中湿生为主。*Lycopodiumsporites* 占组

合的3%左右,反映热—亚热带半干旱草本植物。裸子植物以松柏类两气囊花粉为主,占33.51%,指示半干旱—半湿润气候条件;掌鳞杉科的 *Classopollis* 只在少数样品中含量突出,其余分子均为少量或个别见及。总体上延安组中上部孢粉类型以湿生、湿中生、中生植物为主,反映亚热—温带温暖湿润型气候。

直罗组孢粉组合特征为:以蕨类植物孢子占优势,含量为 44.12%～100%,平均62.75%;裸子植物花粉次之,平均占总量的 37.25%。蕨类中,桫椤科为主的光面三缝孢(*Cyathidites*,*Deltoidospora*)数量最多,占 40.83%,次为紫萁科的 *Osmundacidites*,占13.92%,其余如 *Cibotiumsporites*,*Granulatisporites*,*Cyclogranisporites*,*Converrucosisporites*,*Lycopodiumsporites*,*Asseretospora* 等在组合中也有连续出现,但平均含量一般不超过 2%。裸子植物以松柏类两气囊花粉为主,占 18.37%,包括气囊分化未完善的原始松柏类,如 *Pinuspollenites*,*Piceites*,*Pseudopicea*,*Podocarpidites*,*Protoconiferus* 等;银杏、苏铁类的单沟花粉也有较高含量,占 11.21%,以 *Cycadopites* 和 *Chasmatosporites* 最为常见;具环沟类(*Classopollis*)和单囊类(*Callialasporites*,*Cerebropollenites*)分别占 3.66%与 2.36%,其余如 *Concentrisporites*,*Perinopollenites*,*Psophosphaera* 等均为少量或零星见及。

直罗组下部孢粉化石组合以 *Cyathidites-Osmundacidites-Cycadopites-Disacciatrileti*(COCD)组合带为代表,以桫椤科孢子繁盛,紫萁科较为发育,松柏类两气囊和单沟类花粉也有相当数量为其主要特征,指示干旱的掌鳞杉科 *Classopollis* 在本组合中占总量的 3%,较延安组有明显的升高。孢粉类型以湿生、湿中生、中生植物为主,反映干旱亚热—温带温暖型气候。

除了区域上的孢粉化石资料,本次工作也对恐龙化石赋存地层研究的孢粉进行研究,孢粉样品连续采集于研究区直罗组科 ZK01 钻孔,只在科 ZK01 钻孔 104 层经鉴定发现孢型化石(图 5-16),丰度较高,但分异度低,保存状况一般。分析结果显示如下:

——蕨类植物孢子——

三角孢(未定种)*Deltoidospora* sp.(47 个)

波缝孢(未定种)*Undulatisporites* sp.(2 个)

凹边孢(未定种)*Concavisporites* sp.(1 个)

小桫椤孢 *Cyathidites minor* Couper,1953(>100 个)

中等桫椤孢 *Cyathidites medicus* San et Jain,1964(20 个)

南方桫椤孢 *Cyathidites australis* Couper,1953(12 个)

桫椤孢(未定种)*Cyathidites* sp.(11 个)

联合金毛狗孢 *Cibotiumspora juncta* (K.-M.) Zhang,1978(2 个)

——裸子植物花粉——

双束松粉属(未定种)*Pinuspollenites* sp.(2 个)

环圈克拉梭粉 *Classopollis annulatus* (Verbitzkaja) Li,1974(13 个)

小克拉梭粉 *Classopollis minor* Pocock et Jansonius,1961(2 个)

三角克拉梭粉 *Classopllis triangulus* (Zhang) Yu et Hen,1985(2 个)

克拉梭粉(未定种)*Classopollis* sp. (27 个)

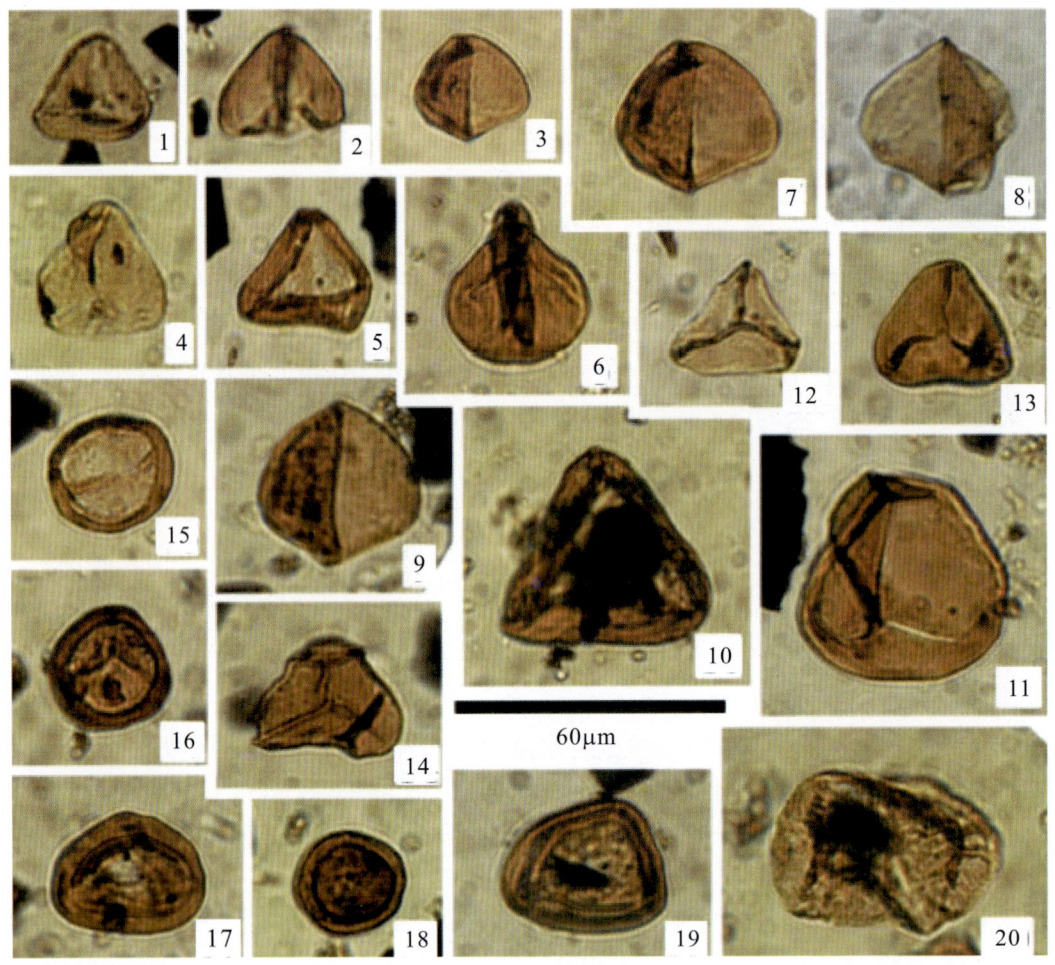

图 5-16 孢粉镜下特征

1—9. 小桫椤孢 *Cyathidites minor* Couper,1953;10. 中等桫椤孢 *Cyathidites medicus* San et Jain,1964;11. 南方桫椤孢 *Cyathidites australis* Couper,1953;12. 三角孢属(未定种)*Deltoidospora* sp. ;13. 波缝孢属(未定种)*Undulatisporites* sp. ;14. 联合金毛狗孢 *Cibotiumspora juncta* (K.-M.) Zhang,1978;15—17. 环圈克拉梭粉 *Classopollis annulatus* (Verbitzkaja) Li,1974;18. 小克拉梭粉 *Classopollis minor* Pocock et Jansonius,1961;19. 三角克拉梭粉 *Classopllis triangulus* (Zhang) Yu et Hen,1985;20. 双束松粉属(未定种)*Pinuspollenites* sp.

上述化石成果显示:研究区直罗组孢粉组合以蕨类植物孢子占优势,含量 70.37%,裸子植物花粉次之,占 29.63%。蕨类孢粉化石中以光面桫椤科孢子为主,包括 *Deltoidospora* 和 *Cyathidites*,分别占 19.91% 和 60.59%(表 5-7),双扇蕨科与蚌壳蕨科的一些类型均为零星出现,反映植被中热带或亚热带潮湿地区的阔叶树为主,热带—亚热带成分占 39.41%,植被中湿生为主;裸子类孢粉含量较少且属种单调,几乎全为掌鳞杉科的 *Classopollis*,占 28.81%,松科花粉 *Pinuspollenites* 偶有见及,裸子植被以旱生为主,反映植被中热带—亚热带半干旱—干旱气候。总体上直罗组孢粉类型以湿生为主,反映热带—亚热带温暖湿润型气候,但相比延安组或盆地北部直罗组气候开始向炎热干旱气候演化。

表 5-7 孢粉植被、气候带、干湿度类型划分表

孢粉化石名称	可能植被类型	植物成分	气候带类型	干湿度	含量
Deltoidospora	桫椤科	阔叶树	热带—亚热带	湿生	47
Cyathidites	桫椤科	阔叶树	热带	湿生	143
Classopollis	掌鳞杉科	针叶树	热带—亚热带	旱生	44
Pinuspollenites	松科	针叶树	热带—亚热带	中生	2

(二)植物化石

古生物包括实体化石和遗迹化石,沉积岩中的某些古生物,不仅可以确定地层的地质年代,还可以判别沉积环境,因为生物群的分布及生态特点严格受环境因素的控制,如水温、水深、光照、水的混浊度和矿化度、氧、二氧化碳、硫化氢等物理和化学因素。

本地区直罗组植物化石丰富,动物化石较少。据前人资料植物化石有 *Ptilophyllum* sp. 毛羽叶未定种,*Phoenocopsis* cf. *speciosa* 华丽拟刺葵比较种,*Podozamites lanceolatus* 披针苏铁杉,*Czekanowskia rigida* 坚直茨康诺斯基叶。

恐龙化石遗址馆东边坡剖面,采获了与恐龙化石伴生的植物化石,以植物茎干为主,化石纹理较为清楚,经南京古生物研究所鉴定为新芦木(未定种)*Neocalamites* sp.,所处时代为常见于晚三叠世(T_3)—早中侏罗世(J_2^1)(图 5-17)。与此同时,在研究区南部采石场 PM03、PM04 剖面采获丰富的植物化石,包括植物枝干、叶片等。经鉴定有新芦木(未定种)*Neocalamites* sp.,石籽 *Carpolithus* sp.,同时发现的还有纸氏"楔蚌"(比较种)"*Cuneopsis*" cf. *johanisboehmi*(Frech)(图 5-18—图 5-20)。新芦木为湿生蕨类植物,反映了当时温暖湿润的气候。

三、元素地球化学指示的古环境及其变化

元素地球化学作为古环境判别的方法之一,如:Sr、CaO、Na_2O 为喜干型元素或氧化物,Ni、TiO_2、Al_2O_3 为喜湿型元素或氧化物,被广泛用于恢复古气候;V、Ni 等微量元素常被用于判识氧化还原环境;Sr/Ba 比值是判别古盐度的灵敏标志,与古盐度呈正相关关系,而 Rb/K 及 Zr/Al 比值常被用于判定古水深。

图 5-17　PM01 剖面植物化石（新芦木 Neocalamites sp.）

图 5-18　PM03 剖面（左）和 PM04 剖面（右）植物叶片化石（新芦木 Neocalamites sp.）

（一）古气候

古气候状况和变迁的研究，通常主要依据古生物和地史资料等中得到的化石、沉积物、孢粉等信息推断气候的干湿和冷暖变化。根据上述直罗组二段古生物、古植被指示恐龙生活时代为气候温暖湿润的气候。除了古生物，岩石的地球化学也是古气候研究的重要手段，下面将根据岩石的地球化学特征对当时的风化条件及气候进一步进行分析。

图 5-19　PM03 剖面植物叶片化石（新芦木 *Neocalamites* sp. 和石籽 *Carpolithus* sp.）

图 5-20　PM04 剖面纸氏"楔蚌""*Cuneopsis*" cf. *johanisboehmi* (Frech)

沉积物的物源主要来源于母岩的风化产物，而不同造岩矿物在风化条件下的稳定性存在巨大差异。化学蚀变指数(CIA)是衡量沉积区以及物源区的化学风化程度的强度指标(Nesbitt et al.,1982,1989)：

$$\mathrm{CIA} = \frac{100 \times n(\mathrm{Al_2O_3})}{n(\mathrm{CaO}^*) + n(\mathrm{Al_2O_3}) + n(\mathrm{K_2O}) + n(\mathrm{Na_2O})}$$

式中氧化物以摩尔数为单位，CaO^* 表示硅酸盐中的 CaO（不包括碳酸盐以及磷酸盐矿物中的 CaO），本书采用 McLennan 提出的假定硅酸盐 Ca 与 Na 比值一定的方法计算 CaO^* 值，具体方法如下：

$$n(\mathrm{CaO_{剩余}}) = n(\mathrm{CaO}) - n(\mathrm{P_2O_5}) \times 10 \div 3$$

若 $n(CaO_{剩余}) < n(Na_2O)$，则 $n(CaO^*) = n(CaO_{剩余})$；

若 $n(CaO_{剩余}) > n(Na_2O)$，则 $n(CaO^*) = n(Na_2O)$。

Fedo 等(1995)认为高 CIA 值表明风化过程中 Ca、Na、K 等元素相对于稳定的 Al 和 Ti 元素的大量流失,反映了温暖、潮湿气候下相对较强的风化程度；反之,低 CIA 值反映了寒冷、干燥气候下相对较弱的风化程度。同时总结得出：CIA 为 50～60,反映了弱的风化程度；CIA 为 60～80,反映了中等风化程度；CIA 为 80～100,反映了强烈风化程度。

由于碎屑岩成岩过程中的钾交代作用以及搬运、沉积过程可以导致钾的富集,使岩石成分发生改变,所以样品的 CIA 值需要首先进行钾的校正。钾交代作用的校正可根据 A—CN—K 三角图解(图 5-21)进行校正。A—CN—K 三角图解校正结果显示,更正后的 CIA 值范围有所升高,校正后的砂岩的 CIA 值为 55.57～66.24(校正前 CIA 值为 53.26～60.75),校正后的泥岩的 CIA 值为 70.76～81.88(校正前 CIA 值为 68.94～79.45)。

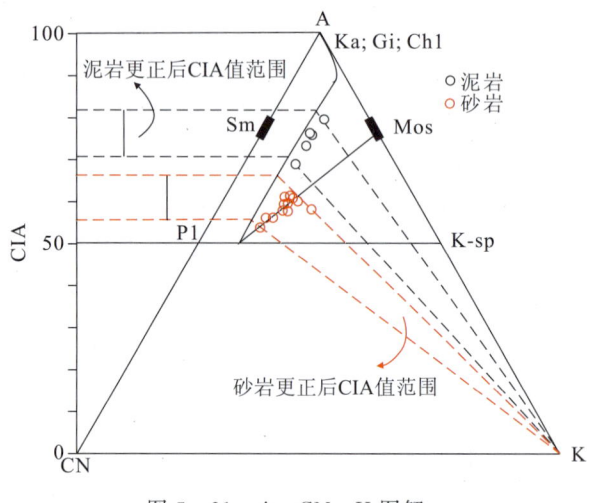

图 5-21　A—CN—K 图解

除成岩过程中的钾交代作用外,碎屑岩的再循环沉积作用也会导致其成分发生改变,因此有必要对样品进行再沉积作用的判别。Cox et al. 提出的成分变异指数 ICV 被广泛用来判断细屑岩是否为再循环沉积物,其定义为：

$$ICV = \frac{n(Fe_2O_3) + n(K_2O) + n(Na_2O) + n(CaO^*) + n(MgO) + n(MnO) + n(TiO_2)}{n(Al_2O_3)}$$

式中各主成分均以摩尔分数表示。当 ICV＞1 时,说明样品含少量黏土矿物,指示其为活动构造带的首次沉积；当 ICV＜1 时,说明该样品存在大量黏土矿物,代表可能经历了再循环沉积。本次采集的样品的 ICV 值(表 4-1)大多数均大于 1 或接近 1,显示其基本为活动构造带的首次沉积；极个别样品的 ICV 值为 0.7,结合区域地质背景,可能经历了再循环沉积作用,从而导致其 A—CN—K 图解投点结果的异常。

直罗组泥岩 $CIA_{corr.}$ 为 70.76～81.88,均值 76.57,砂岩 $CIA_{corr.}$ 为 55.57～66.24,均值 61.78(表 4-1),均指示较为温暖、潮湿气候下的中等风化强度。纵向上,直罗组沉积物(含泥岩、砂岩) $CIA_{corr.}$ 值总体变化平缓,波动不大,其中砂岩 $CIA_{corr.}$ 值变化不大,自下而上稍有增大,泥岩 $CIA_{corr.}$ 值变化较为一致,自下而上呈线性增大。可见泥岩的 $CIA_{corr.}$ 值对风化强度更为敏感,取决于泥岩粒度上的均一性和沉积期后的不渗透性,因此研究区直罗组泥岩的 $CIA_{corr.}$ 值变化能更好地反映当时风化强度的变化,即自下而上风化强度有所减弱,表明沉积晚期气候逐渐变干旱。

此外,不同的元素含量和相应比值也能反映其古气候特点,如:Sr、CaO、Na_2O 为喜干型元素或氧化物,Ni、TiO_2、Al_2O_3 为喜湿型元素或氧化物。干旱气候条件下,水体介质趋于碱性,Sr、Cu 等元素从水体中析出,富集于岩石中。因此,Sr/Cu 和 Rb/Sr 比值均被广泛用于恢复古气候,Sr/Cu 值在 1~10 时指示温湿的气候条件,Sr/Cu>10 时指示干热气候条件。

研究区直罗组泥岩的 Sr/Cu 值为 4.34~9.53(表 5-8),反映了直罗组沉积时期气候为温湿气候,垂向上具有向上变大的趋势,显示直罗组沉积早期→直罗组沉积晚期由温湿气候逐渐向干热气候转变。

表 5-8 直罗组泥岩古气候判别参数

序号	样品号	取样深度/m	$CaO/(Al_2O_3+MgO)$	Sr/Cu	Rb/Sr
1	科 ZK01-5GS1	4.53	0.111 7	9.53	0.50
2	科 ZK01-7GS1	7.13	0.081 0	7.43	0.58
3	科 ZK01-12GS1	22.59	0.061 9	4.34	0.77
4	科 ZK01-76GS1	152.88	0.059 7	5.11	0.82
5	科 ZK01-86GS1	168.89	0.091 9	4.65	0.65

Rb 在风化作用中相对稳定,而 Sr 则较易发生淋失。在气候湿润时,由于降水较多、风化较强烈,Sr 部分淋失,从而使 Rb/Sr 比值升高;在气候干旱时,降水较少、风化强度相对降低,母岩中残留更多的 Sr,进而使 Rb/Sr 比值相对降低。换言之,Rb/Sr 高值指示湿润气候,Rb/Sr 低值指示干旱气候。研究区直罗组泥岩的 Rb/Sr 值为 0.50~0.82,纵向上具有向上变小的趋势,与 Sr/Cu 值的变化呈反相关关系(表 5-8),进一步揭示了直罗组沉积早期至晚期的气候转变。

CaO 在温热潮湿的环境中易发生风化淋滤作用,进而出现 CaO 含量的缺失。CaO 与相对稳定成分 Al 等元素的比值可表征淋滤强度。$CaO/(Al_2O_3+MgO)$ 可用于指示风化淋滤作用,比值越小,风化淋滤作用越强,反映气候越温湿。研究区直罗组泥岩 $CaO/(Al_2O_3+MgO)$ 值为 0.06~0.11,比值在垂向上具向上逐渐变大的特征,与 Sr/Cu 值的变化一致(表 5-8)。

(二)古氧化还原性

1.岩石颜色

颜色是沉积岩最直观、最醒目的标志,是鉴别岩石、划分和对比地层、分析和判断沉积环境的良好指示剂,根据颜色的性质可以确定介质属于氧化环境还是还原环境。研究区直罗组沉积岩常见的颜色有以下几种:

(1)灰白色、黑色,含有机质(碳质、沥青质)所致,这些物质含量越高,颜色越深,并表明岩石形成于还原或强还原条件下。

(2)红色、紫红色、褐红色、黄褐色,含有铁的氧化物或氢氧化物之故,表明当时沉积介质为氧化及强氧化条件,其中黄色常见于炎热干燥气候条件下的陆相沉积物中,而红色常见于炎热潮湿气候条件下的陆相沉积物中。

(3)绿色,由于含有 Fe^{2+} 和 Fe^{3+} 的硅酸盐矿物(海绿石、鲕绿泥石),代表弱氧化或弱还原的介质条件。

研究区直罗组岩石颜色下部以灰色、灰绿色、灰白色夹灰紫色为主色调,中部为紫红色、灰紫色夹灰绿色,上部以草绿色为主夹灰紫色、灰色调,显示中侏罗世直罗期古氧化还原性是反复变化的,但总体呈现为弱氧化环境。

2. 地球化学

V、Ni 等微量元素常被用于判识氧化还原环境。在水体相对滞留的闭塞缺氧环境中,V 以 +4 价的氧化物或氢氧化物形式沉淀并优先富集于沉积物中,海相沉积环境中,V 可与有机金属络合物结合从海水中析出沉淀。而富氧水体中,V 元素被氧化,以钒酸氢根(HVO_2^{4-} 和 $H_2VO_4^-$)形式存在于水体中。单一的元素含量对古环境的重建具有较大不确定性,前人常以两个相关元素的比值来反映古环境,例如 V/(V+Ni)值:当 V 含量相对高,V/(V+Ni)值在 0.84~0.89 之间,表明水体分层较强,处于厌氧环境;V/(V+Ni)值在 0.54~0.82 之间,表明水体分层不强,处于厌氧环境;V/(V+Ni)值在 0.46~0.60 之间,表明水体分层较弱,处于贫氧环境。

研究区沉积物样品的 V/(V+Ni)值介于 0.70~0.83 之间,均值 0.78,属于弱还原-还原环境,所有样品的 V/(V+Ni)值小于 0.84,因此,总体上研究区沉积物沉积期水体分层不强,水体贫氧,处于弱还原环境。

Th/U 的比值是氧化还原环境指标之一。Th 对氧化还原环境不敏感,通常以 Th^{4+} 的形式存在于沉积物中。富氧环境中,沉积物中 U^{4+} 被氧化为 U^{6+},溶解于水体中,沉积物中的 U 元素亏损;在贫氧或缺氧环境中,水体中 U^{6+} 还原为不溶性的 U^{4+},U 富集于沉积物中。Th/U 值在 0~2 之间指示缺氧环境,2~8 之间为贫氧环境,大于 8 为氧化环境。研究区样品 Th/U 值在 0.96~9.34,变化范围较大,集中于 1.46~4.41,表明研究区主要处于贫氧的弱还原环境。

Ce 主要包括 Ce^{3+} 和 Ce^{4+} 两种价态,Ce^{4+} 在水体中易发生水解沉淀,因此,在水体中 Ce^{3+} 是主要的赋存形式。在氧化环境下,Ce^{3+} 易被氧化成 Ce^{4+},Ce^{4+} 不稳定,进一步水解沉淀,导致水中 Ce 亏损;在还原环境下,水体中 Ce^{3+} 含量增多。因此,Ce 异常可以作为水体氧化还原环境的指示剂,进一步反映水体的深浅环境变化。

Elderfield et al. 提出的 Ce 异常参数 Ce_{anom} 也是目前应用较为广泛的古氧化还原条件判别参数,其计算公式为 $Ce_{anom}=\lg[3Ce_N/(2La_N+Nd_N)]$。在以北美页岩作为标准化参数的前提下,$Ce_{anom}>-0.1$ 时,沉积岩中 Ce 相对富集,代表了还原环境,水体相对较深;$Ce_{anom} < -0.1$ 时,沉积岩中出现了 Ce 的亏损,代表了氧化环境,水体相对较浅。研究区样品的 Ce_{anom} 在 $-0.03 \sim 0.05$ 之间,均大于 -0.1,指示其处于缺氧的还原环境。

纵向上,$V/(V+Ni)$ 值的变化不大,向上有上升的趋势,反映了沉积环境氧化作用相对减弱。Ce_{anom} 值向上波动较大,但总体表现为升高,总体反映了沉积环境氧化作用减弱、还原作用增强的趋势,顶部 Ce_{anom} 值逆向减小,显示顶部氧化作用具增强之势。Th/U 值在纵向上波动较大,反映沉积环境的多变性,但总体向上具有变小的趋势,反映了沉积环境还原性的增强、氧化作用的减弱,顶部 Th/U 值呈上升趋势,表现为氧化作用的增强。

(三)古盐度

古盐度是恢复古沉积环境及其演化的重要内容。Sr/Ba 比值是判别古盐度的灵敏标志,该比值与古盐度呈正相关,当 Sr/Ba<1 时,指示淡水沉积(其中小于 0.5 为微咸水相,0.5~1 为半咸水相);Sr/Ba>1 时,指示盐湖或海相沉积。

研究区直罗组沉积物 Sr/Ba 比值均小于 1,表明整体为淡水沉积环境。其中直罗组泥岩 Sr/Ba 值 0.33~0.41,均值 0.38;直罗组砂岩 Sr/Ba 值 0.12~0.87,均值 0.37。雷开宇等(2017)在鄂尔多斯北部杭锦旗一带分析延安组泥岩 Sr/Ba 值为 0.2,显示直罗组沉积期的水体古盐度较延安组沉积期有所增加,但整体仍为微咸水相的淡水环境。从直罗组沉积物 Sr/Ba 变化曲线可知,除个别样品的异变,直罗组沉积物整体显示沉积晚期古盐度相对沉积早期具减弱之势,但顶部略有增高。古盐度的变化在一定程度上反映了古气候的变化,古气候条件通过蒸发/降水量的变化直接控制了水体古盐度的高低。因此,上述古盐度变化特征进一步印证了前文关于直罗组沉积早期至直罗组沉积晚期,古气候由温湿气候不断向干旱气候演变的分析结果。

(四)古水深

Rb/K 及 Zr/Al 是判定古水深时两个常用的参数,Rb 主要吸附于黏土矿物中,因此,泥岩中 Rb 元素含量较高。相对于 K 元素,Rb 元素更易被吸附于黏土矿物中而运移,Rb/K 比值越大,运距越远,水体越深。陆相环境中 Zr 含量较高,此外,沉积岩中 Zr 含量受 Al 元素影响,Zr/Al 比值越小,说明水体越浅。因此,可以采用 $f = Rb \times Al/(Zr \times K)$ 来判定古水深:f 越大,水体越深;f 越小,水体越浅。研究区直罗组泥岩 f 值介于 1.92~4.95 之间,均值 3.08,自下而上 f 值逐渐变小,显示直罗组沉积晚期较早期水体逐渐变浅,与上述古气候逐渐干旱的演化相吻合。

综上所述,通过岩石地球化学 $CIA_{corr.}$ 值、Sr/Cu 值、Rb/Sr 值、$CaO/(Al_2O_3+MgO)$ 值对古气候指示判定和纵向变化研究,表明研究区直罗期属温暖湿润气候,向上气候逐渐向干旱转变;$V/(V+Ni)$ 值、Th/U 值、Ce_{anom} 值指示的研究区古氧化还原性总体反映了沉积环境自下而上氧化作用减弱、还原作用增强,顶部氧化作用具增强之势(图 5-22);这与 Sr/Ba 值指示的研究区直罗组古盐度自下而上相对减小,顶部略有增高吻合;f 值自下而上逐渐变小,中部稍有波动,与研究区直罗期气候逐渐干旱的演化相吻合。

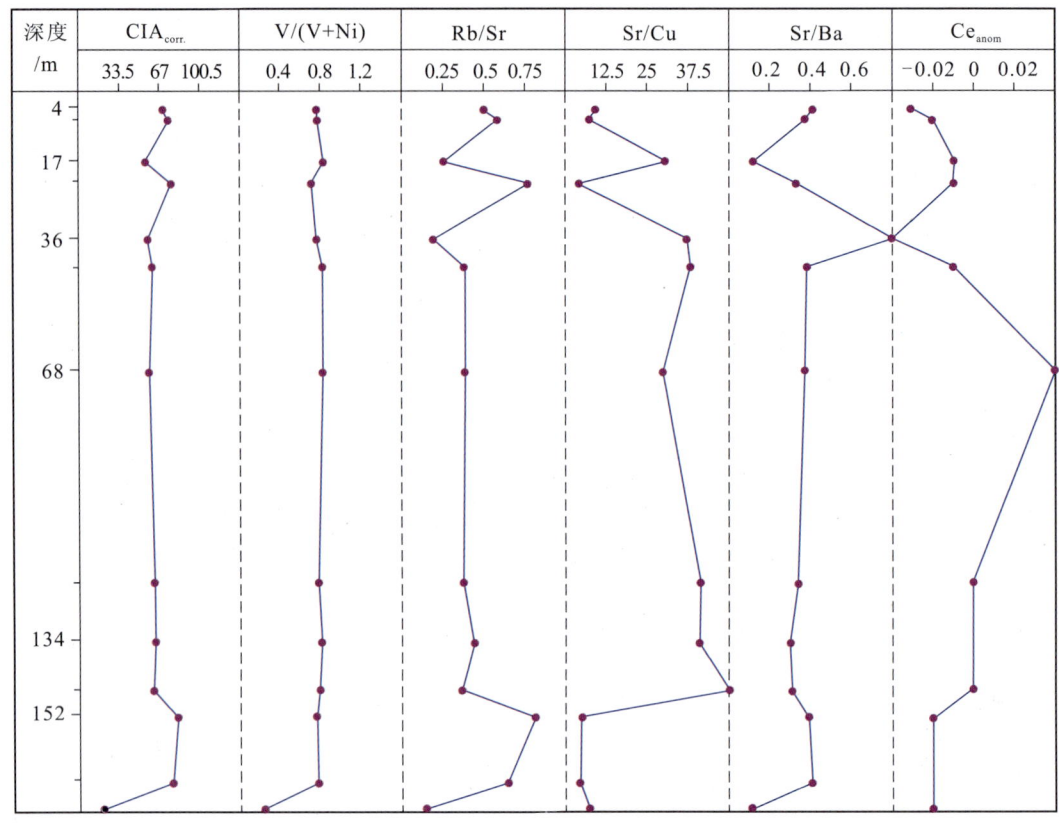

图 5-22 研究区沉积物地球化学参数纵向变化图

第三节 直罗组沉积环境演化

研究区位于鄂尔多斯盆地西缘,自中生代以来,盆地西缘经历了区域重要的燕山运动。早—中三叠世早期,鄂尔多斯盆地及西缘属大华北克拉通盆地的一部分,其沉积特征与二叠纪末差别不大,沉降缓慢,构造分异较小。沉积格局南薄北厚,晚期逐渐转变为南厚北薄,反映晚期秦岭造山带已经开始发生大规模的隆起。侏罗纪末的早期燕山运动使侏罗系全面褶皱隆起,后期伴有强烈的叠瓦状逆冲断裂作用。早白垩世末经晚期燕山运动,随着特提斯洋闭合和陆-陆碰撞,鄂尔多斯西缘受近东西向挤压,产生一系列近南北向中小型宽缓褶皱和逆冲断层。在此构造背景下,研究区的地理环境、古气候等也发生了重要变化。

根据李斌(2007)、张泓等(2008)的研究,鄂尔多斯盆地及盆地西缘在侏罗纪—白垩纪受燕山运动影响,发生了4个阶段的时代演替。

(1)早—中侏罗世早期,由于盆地整体抬升达到准平原化,没有明显的沉积和沉降中心,此时,水体变浅,以河流、湖泊和沼泽沉积为主。早侏罗世晚期,盆地主要被冲积体系、湖泊体系的沉积物充填,但沉积类型多样,厚度变化不大。此期的沉积盆地范围有限。中侏罗世早期鄂尔多斯盆地主要被冲积体系、湖泊三角洲体系和湖泊体系的沉积物充填,沉积地层为延安组、大同—宁武地区的大同组、河南义马地区的义马组,盆地的范围比早侏罗世晚期大得多。此时,位于盆地西缘的研究区地区正沉积了延安组的碎屑含煤建造,该时期为鄂尔多斯盆地的主要成煤期。

(2)中侏罗世,鄂尔多斯盆地沉积直罗组、大同和宁武地区的云岗组和天池河组、河南济源的马凹组、义马地区的东孟村组。该阶段沉积盆地的范围与第一阶段大体相当,向东略有扩大。该时期河流沉积体系比较发育,其中直罗组底部的砂岩是由多个大型砂岩复合体构成的辫状河沉积,直罗组中上部和安定组下部带状砂岩体多为曲流河沉积。由于我国北方的古气候在中侏罗世巴通期发生了从潮湿温暖气候向炎热气候的转变,从而导致鄂尔多斯盆地聚煤作用消失,相应地层不含可采煤层。此时期,盆地西缘为直罗组的曲流河、辫状河沉积。

(3)受晚侏罗世中燕山运动主幕构造变动的影响,鄂尔多斯盆地西坳东翘,鄂尔多斯盆地在晚侏罗世中晚期处于隆升状态,在盆地西部主要表现为西缘逆冲推覆构造的形成和大部分地区晚侏罗世地层的缺失及前期地层遭受剥蚀。沉积盆地迅速萎缩、消亡,晚侏罗世进入沉积盆地的第三发展阶段,但沉积范围有限。以芬芳河组为代表的盆地沉积分布于桌子山东麓—环县—庆阳的南北向长条坳陷内。这时期盆地主要为被阵发性流入的冲积扇或山麓堆积横向充填,而不是沿着盆地的长轴方向作纵向充填,沉积物源来自西缘的构造活动区。

(4)早白垩世盆地整体沉降。西缘沉积较厚,向东部、南部逐渐变薄,沉降中心呈南北向。此时期的盆地沉积范围比晚侏罗世大得多,但其东界已收缩至黄河以西。研究区中侏罗世以来的沉积特征也深受鄂尔多斯盆地古地理更替影响,中侏罗统直罗组沉积早期,以辫状河沉积为主,中晚期以曲流河沉积为主,在直罗组底部存在一套全区可以对比的厚层砾岩、含砾砂岩(即"七里镇砂岩")。

就全世界范围来讲,中侏罗世是恐龙演化的低潮期,早白垩世和晚白垩世早中期正值恐龙的较繁盛的时期,如我国的内蒙古、山东、黑龙江以及加拿大的阿尔伯塔地区、蒙古人民共和国等地区和国家都有大量的恐龙化石的发现。恐龙群体的减少与其生存环境息息相关。早—中侏罗世由于鄂尔多斯盆地整体抬升达到准平原化,盆地向东略有扩大,水域开阔,气候为热带温暖湿润型,植被以喜炎热潮湿的桫椤科为主,植被茂盛,河中介壳动物、藻类和菌类较繁盛,水体中营养成分增多,适合恐龙的繁衍生息。中侏罗世末,随着燕山运动在本区的剧烈活动,鄂尔多斯盆地迅速萎缩、消亡,水域面积较小,水体变浅,水体古盐度变大,植被虽仍以喜炎热潮湿的桫椤科植物占优势,但干旱的掌鳞杉科植物有所增加,气候也在巴通期至卡洛夫期逐渐从常湿温暖气候转变为炎热干旱气候。

第六章 灵武恐龙化石埋藏特征及化学元素组成

恐龙是中生代末期灭绝的一种生物物种,在今天已无法找到活生生的事实来证明其史前的生命活动现象和规律,我们所知的有关恐龙的一切,都来自于恐龙化石的研究。恐龙化石研究从 19 世纪 20 年代开始,100 多年来,国内外许多生物学家、地质学家根据不同的事实,从不同的角度探讨恐龙的形态和分类、起源、繁殖、进化、灭绝等生命现象和古生态环境、古地理分布,同时,生物是从地球化学环境中逐步演化发展而来的,生物的存在适应于环境,统一于环境,外界地球化学环境中的一切必然对生物有极重要的影响。

本章在研究灵武恐龙埋藏环境、埋藏特征的基础上,对恐龙化石微量元素组成进行分析,阐明灵武恐龙化石是原地埋藏还是异地埋藏,研究恐龙骨骼化石及围岩中微量元素的组成以及对恐龙生活环境的作用,进一步探讨灵武恐龙死亡的原因。

第一节 灵武恐龙化石的埋藏环境与埋藏特征

一、灵武恐龙的埋藏环境

前文已述及,研究区直罗组二段曲流河层序具典型的"二元结构",构成 3 个由粗变细的次级正旋回,垂向上表现为典型的"砂泥互层"特点。基底冲刷面向上,依次发育滞留沉积、大型槽状交错层理、中型槽状交错层理、攀升层理、板状交错层理、平行层理及小型交错层理,研究区直罗组二段发育河床亚相、堤岸亚相、河漫亚相。

恐龙化石赋存砂体在科 ZK01 处厚 2.18m,地层剖面上厚约 4.00m,一号坑厚约 1.00m,二号坑厚约 2.00m,具有向南、向东减薄尖灭趋势,以北、以西为剥蚀区,残存砂体规模可能并不大,结合恐龙化石赋存地层剖面发育的河床相特征,推测恐龙化石埋藏环境为河漫滩,灵武恐龙化石便赋存于透镜状砂岩(边滩砂岩)中。河漫滩砂岩岩性以细粒岩屑长石砂岩为主,岩石为颗粒支撑,填隙物主要为绢云母、高岭石杂基,黏土杂基含量 1%～5%,分选程度中等(S_0 为 0.43～0.56),砂粒圆度以次棱角状为主,砂岩成分成熟度和结构成熟度均不高。细砂岩的概率粒度累积曲线为一段式,为多个次悬浮总体组成,悬浮总体斜率高达 47.9°～53.9°,局部可达 75.0°,标准偏差 $\sigma=0.75$,岩石分选中等,偏度 $S_k=-0.53$,为负偏态,沉积物以细组分为主,即细砂、粉砂组分较高,表明当时水体溢过河堤流速降低,使河流中悬浮沉积物大量堆积。因此,恐龙化石可能埋藏于河漫滩下的废弃河道。

二、灵武恐龙的埋藏特征

对恐龙化石埋藏的研究,不仅要查清恐龙化石的埋藏环境,而且还要查明恐龙化石是原地埋藏还是异地埋藏,这对分析灵武恐龙的生活环境也是个至关重要的问题。灵武恐龙化石有两个显特著点:一是数量丰富;二是保存完整。2005—2006年,中国科学院古脊椎动物与古人类研究所和灵武市先后进行了4次发掘,发掘面积共计622m²,形成3个发掘坑,共发现487件恐龙骨骼化石,包括头骨、椎体、牙齿、肩胛、乌喙骨化石等,分属10具恐龙化石个体。加上本次工作对恐龙化石赋存剖面清理150m²,总发掘面积772m²(图1-1)。

一号坑南北长16.45m,东西宽9.46m,共出土恐龙骨骼化石164件,分属3具恐龙化石个体。其中一具恐龙化石个体骨骼关联度较好,由南至北分布着颈椎、荐椎、腰椎和尾椎化石,椎体骨骼保持原始自然关联,长达7.2m,占完整恐龙椎体骨骼的61%(图6-1),显示该个体恐龙化石近原地埋藏,如果将化石复原,有十六七米长。有一块像耳朵一样半圆形的化石,是恐龙的乌喙骨,直径有20多厘米长,位于肩部,起到连接肩胛骨和锁骨的作用(图6-2左)。出土的恐龙肋骨长达1.4m,尺寸巨大,保存完整(图6-2右)。

图6-1 一号坑具高度关联的恐龙椎体骨骼化石

二号坑东西长16.18m,南北宽11.83m,共出土恐龙骨骼化石180件,分属3具恐龙化石个体。该坑出土的恐龙化石比一号坑大,坑内发掘出一个像勺子一样平板状的骨骼是恐龙的肩胛乌喙骨,直径达到1.8m(图6-3左),肋骨长达1.5m(图6-3右),保存完整,若将此具恐龙恢复有20多米长。该坑出土较为完整的恐龙头骨化石(图6-4左),长仅20cm,国内罕见,尤其珍贵的是,蜥脚类恐龙为食草恐龙,体型庞大,头部所占比例较小,头骨化石很难保存,但恐龙椎体神经脊、爪尖(长20cm)(图6-4右)和趾骨化石这些细小的化石能和恐龙椎体、股骨化石一起得以保存,说明恐龙死亡被埋藏之后,没有经过

图 6-2　一号坑恐龙肱骨、乌喙骨(左)及肋骨(右)化石

图 6-3　二号坑巨大的恐龙乌喙骨(左)及肋骨(右)化石

图 6-4　二号坑完整的恐龙头骨(左)及细小的爪尖(右)化石

长距离的搬运,流水侵蚀冲刷也是幅度较小的,这与沉积相恢复的废弃河道的埋藏环境相一致。

三号坑东西长 21.55m，南北宽 13.21m，共出土恐龙骨骼化石 143 件，分属 2 具恐龙化石个体。该坑出土的最重要化石是恐龙牙齿化石，2006 年 8 月 26 日，中央电视台联合宁夏广电总台对灵武恐龙化石发掘现场进行电视直播，随着 3 号坑土层的大面积发掘，密集的恐龙骨骼化石不断暴露出来。发掘人员在一具恐龙颈椎化石 2m 处，发掘出 22 颗排列整齐的恐龙牙齿化石，每颗长度 3cm 左右，牙齿形状为棒状，这些牙齿化石保存完整，排列有序。

有如此多的保存完整和比较完整的恐龙化石个体，说明灵武恐龙化石基本是原地埋藏的。有的恐龙化石虽不那么完整，但还常见脊椎、尾椎多数相连，如一号坑椎体骨骼保持原始自然关联，长达 7.2m，占完整恐龙椎体骨骼的 61%，甚至尾椎还完好连接（图 6-5 左），也常见到肋骨堆积在较完整的背椎骨旁边（图 6-5 右）。这一切都说明它们是在恐龙死亡、有机体腐烂后，恐龙骨骼发生原地散架再被埋藏。

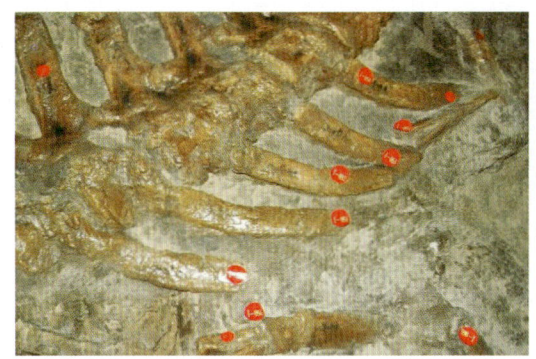 

图 6-5 完好连接的尾椎化石（左）及关联堆积的肋骨与脊椎、尾椎

也有恐龙骨骼呈散落埋藏（图 6-6），但这些散落的恐龙骨骼无定向排列，也未见明显的磨蚀现象，说明它们没有被搬运和改造或仅有短距离搬运和改造，至少没有遭受河流的长距离搬运和改造，推测是恐龙死亡后原地散架，部分骨骼被流水冲散，稍加移位后马上就被埋藏。

 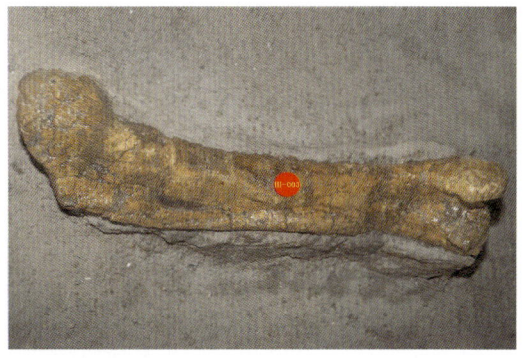

图 6-6 散落的无定向的恐龙骨骼化石

灵武恐龙化石的上述原地埋藏或准原地埋藏特征，与前述的低能废弃河道埋藏环境一致，正是这样的间歇水流低能环境才把恐龙化石的原地埋藏特征较好地保存下来。假若是高能的河道、河床环境，即使是原地埋藏，也势必将恐龙遗体冲散磨蚀得支离破碎，不可能发掘到那么多完整和比较完整的化石个体。

第二节 灵武恐龙化石化学元素组成特征

众所周知，生物是从地球化学环境中逐步演化发展而来的，外界地球化学环境中的某些化学元素含量的多少对生物有极重要的影响。而环境介质中元素含量的变化，也可以在生物体中得到显著的反映。因此分析测试生物体及其围岩中微量元素的含量，对探讨古生物习性、古生态环境及其对生物体的影响等具有重要的意义。构成生物体的除11种主要组成元素（H、C、N、O、P、S、Ca、K、Mg、Na、Cl）外，还有50多种微量元素，尽管它们在生物体内不到总质量的1‰，但这些微量元素对生物的生长发育、疾病、死亡均有极重要的影响，且极大部分在生物的硬体部分（生物成因的矿物）中有所体现，恐龙骨骼化石的构成存在一部分原生矿物，其中所含的微量元素基本上代表了恐龙存活时骨骼中的微量元素的组成和含量，因此，微量元素研究必将会为探讨恐龙存活时的生活状态提供重要依据。

一、样品采集与测试分析

1.样品采集

本次工作共采集4件围岩样品、6件恐龙骨骼化石（表6-1），用于主微量元素分析。恐龙骨骼化石样品采集地点分别为灵武市国家地质公园三号坑与恐龙化石赋存剖面，围岩样品均采自恐龙化石赋存剖面（图6-7）。

表6-1 恐龙骨骼化石及围岩样品采集一览表

序号	样品编号	样品岩性	采集地点	采集时间
1	PM01(1)GS1	砂岩	恐龙化石赋存剖面	2018年7月
2	PM01(1)GS2	砂岩	恐龙化石赋存剖面	2018年7月
3	PM01(3)GS1	细砂岩	恐龙化石赋存剖面	2018年7月
4	PM01(4)GS1	细砂岩	恐龙化石赋存剖面	2018年7月
5	LW01	恐龙骨骼化石	三号馆（化石碎片）	2018年7月
6	LW02	恐龙骨骼化石	恐龙化石赋存剖面	2018年7月
7	LW03	恐龙骨骼化石	恐龙化石赋存剖面	2018年7月
8	LW04	恐龙骨骼化石	恐龙化石赋存剖面	2018年7月
9	LW05	恐龙骨骼化石	恐龙化石赋存剖面	2018年7月
10	LW06	恐龙骨骼化石	恐龙化石赋存剖面	2018年7月

第六章 灵武恐龙化石埋藏特征及化学元素组成

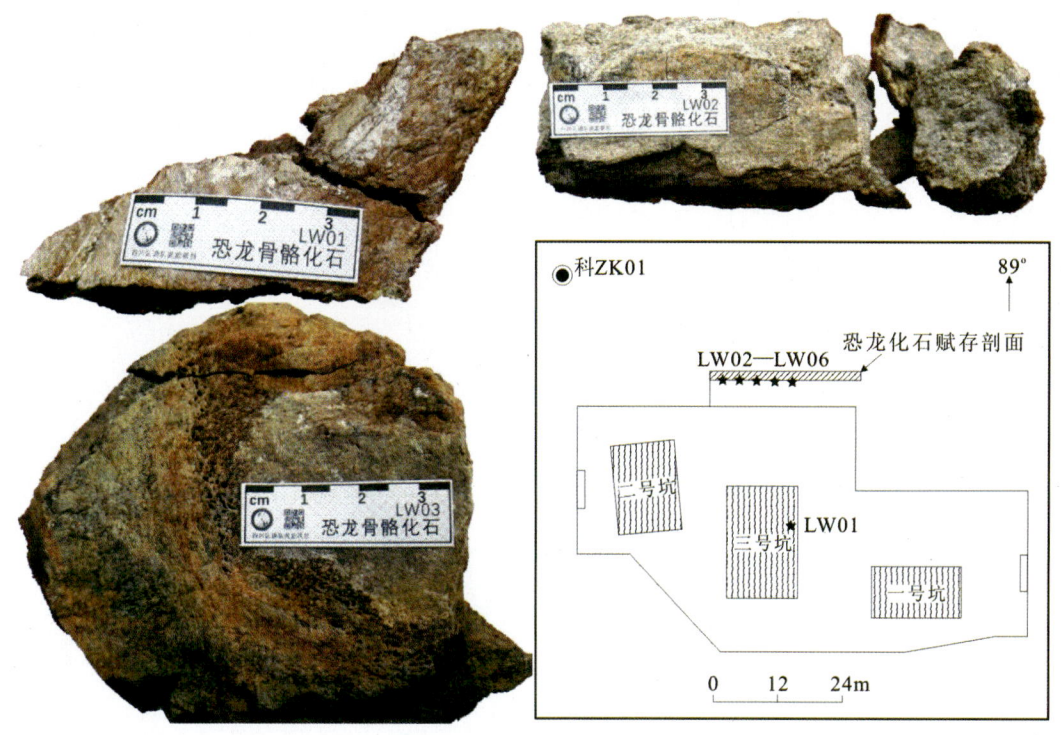

图 6-7 恐龙骨骼化石样品及采集点平面分布图

2.测试分析与结果

围岩与恐龙骨骼化石样品的全岩主微量元素含量均由武汉上谱分析科技有限责任公司利用 Agilent 7700e ICP-MS 分析完成。

用于 ICP-MS 分析的样品处理如下:①将 200 目样品置于 105℃烘箱中烘干 12h;②准确称取粉末样品 50mg 置于 Teflon 溶样弹中;③先后依次缓慢加入 1mL 高纯 HNO_3 和 1mL 高纯 HF;④将 Teflon 溶样弹放入钢套,拧紧后置于 190℃烘箱中加热 24h 以上;⑤待溶样弹冷却,开盖后置于 140℃电热板上蒸干,然后加入 1mL HNO_3 并再次蒸干;⑥加入 1mL 高纯 HNO_3、1mL MQ 水和 1mL 内标 In(浓度为 1×10^{-6}),再次将 Teflon 溶样弹放入钢套,拧紧后置于 190℃烘箱中加热 12h 以上;⑦将溶液转入聚乙烯料瓶中,并用 2% HNO_3 稀释至 100g 以备 ICP-MS 测试。

常量元素分析项目:SiO_2、Al_2O_3、TFe_2O_3、MgO、CaO、Na_2O、K_2O、TiO_2、P_2O_5、MnO、H_2O,微量元素分析项目:Rb、Cs、Tl、Nb、Li、Cr、Sn、Zr、Hf、Ga、V、Th、Ni、Ba、Ta、Zn、Pb、Cu、As、Sc、Be、Co、Sr、U、La、Ce、Pr、Nd、Sm、Eu、Gd、Tb、Dy、Ho、Er、Tm、Yb、Lu、Y。测试的样品均采用国际标样 AGV-2、BHVO-2、BCR-2、BGM-2 作为标准,测试结果见表 6-2。

表 6-2 恐龙骨骼化石及围岩样品微量元素含量　　　　　　　　单位:$\times 10^{-6}$

分析项目	恐龙骨骼化石						围岩				已知碎屑岩
	LW01	LW02	LW03	LW04	LW05	LW06	PM01(1) GS1	PM01(1) GS2	PM01(3) GS1	PM01(4) GS1	
Rb	0.29	0.43	0.27	0.13	5.03	0.28	78.0	81.9	75.4	79.0	60
Cs	0.018	0.028	0.019	0.014	0.140	0.022	1.82	2.07	1.61	2.00	0.1~0.9
Tl	0.025	0.150	0.032	0.033	0.140	0.021	0.51	0.54	0.62	0.69	0.82
Nb	0.61	0.29	0.50	0.63	2.93	0.30	7.73	6.23	6.32	8.16	0.01~0.09
Li	2.73	14.10	1.68	2.73	5.14	3.12	23.9	33.1	19.2	34.6	15
Cr	7.76	5.48	3.97	4.90	20.90	5.93	29.1	28.5	25.8	34.3	35
Sn	1.02	0.32	0.30	0.38	0.54	0.30	1.61	1.54	1.50	1.66	0.1~0.9
Zr	22.0	19.7	16.2	14.1	243.0	10.9	171	141	131	171	220
Hf	0.88	0.79	0.42	0.29	6.11	0.43	4.27	3.60	3.47	4.29	3.9
Ga	14.40	7.98	3.11	3.10	8.40	5.27	13.9	13.7	13.3	14.9	12
V	28.7	18.3	17.9	12.4	66.4	13.1	53.1	57.2	52.0	44.2	20
Th	2.07	1.32	2.27	2.85	12.30	0.99	5.93	5.68	5.61	6.58	1.7
Ni	10.60	22.10	7.31	7.33	8.55	5.78	11.9	14.8	16.2	18.9	2
Ba	429	762	417	405	738	407	723	717	730	689	10~90
Ta	0.540	0.140	0.370	0.380	1.030	0.076	0.56	0.48	0.49	0.59	0.01~0.09
Zn	80.1	48.3	49.3	40.5	118.0	53.7	47.7	58.0	31.7	55.2	16
Pb	21.30	9.96	13.50	32.20	39.10	14.40	16.6	18.3	13.8	13.4	7
Cu	8.29	8.39	2.04	1.57	21.00	1.54	4.83	4.10	3.96	4.39	1~9
As	10.35	4.64	7.31	4.26	27.03	4.49	3.92	3.59	3.59	3.60	1
Sc	30.6	30.2	14.2	18.1	38.1	23.9	7.39	7.03	7.21	9.30	1
Be	9.32	7.99	4.34	5.26	12.50	4.37	1.74	1.78	1.42	1.65	0.1~0.9
Co	82.60	67.90	59.20	66.00	105.00	2.37	7.79	8.76	6.39	12.40	0.3
Sr	2288	8191	2267	2124	10 967	2104	255	253	264	259	20
U	273	228	239	536	527	239	2.74	2.94	3.84	6.88	0.45
La	1008	918	275	274	618	565	22.7	18.6	28.1	31.5	30
Ce	1752	1207	420	403	1096	737	49.1	44.7	60.8	62.1	92
Pr	205.0	132.0	49.7	45.5	121.0	76.3	5.26	4.48	6.02	6.61	8.8
Nd	822	529	184	176	460	305	19.2	16.7	21.6	24.5	37
Sm	172.0	98.4	31.7	31.5	82.4	51.4	3.44	3.04	3.53	4.03	10
Eu	43.50	29.20	7.68	8.44	19.30	15.20	0.85	0.75	0.83	0.93	1.6
Gd	214.0	152.0	37.4	40.0	87.7	76.5	2.64	2.30	2.67	3.24	10
Tb	31.80	21.60	5.49	5.60	13.00	10.30	0.43	0.37	0.42	0.50	1.6
Dy	189.0	135.0	33.5	32.8	74.6	60.4	2.36	2.05	2.17	2.68	7.2
Ho	38.00	28.60	7.15	7.00	15.20	13.20	0.44	0.39	0.41	0.52	2
Er	102.0	77.1	20.7	19.6	43.3	35.7	1.35	1.13	1.18	1.48	4
Tm	10.40	7.93	2.25	2.17	5.13	3.71	0.21	0.17	0.18	0.23	0.3
Yb	57.8	46.0	14.0	12.9	33.4	22.0	1.40	1.11	1.19	1.47	4
Lu	7.05	5.67	1.94	1.84	4.55	2.83	0.21	0.17	0.18	0.22	1.2
Y	1406	1241	331	342	575	681	11.60	9.64	11.10	14.70	40
ΣREE	4 652.13	3 388.56	1 090.13	1 060.46	2 674.03	1 975.38	109.61	95.97	129.32	140.01	209.70
LREE	4 001.31	2 914.55	968.08	938.64	2 397.30	1 750.85	100.56	88.28	120.93	129.67	179.40
HREE	650.82	474.01	122.05	121.82	276.73	224.53	9.04	7.69	8.39	10.34	30.30
LREE/HREE	6.15	6.15	7.93	7.71	8.66	7.80	11.12	11.48	14.41	12.54	5.92

注:已知碎屑岩微量元素含量根据 K.K.Turekian and K.H.Wedepohl(1961),转引自邓宏文和钱凯(1993)。

二、元素地球化学基本特征

1. 元素相关性分析

从恐龙骨骼化石及围岩各元素相关系数(表6-3)可看出,Rb、Cs、Tl、Nb、Cr、Sn、Zr、Hf、Th、Zn、As、Sc 等元素之间,以及 Y 与 ΣREE 之间,相关系数均在 0.9 以上,具强烈正相关关系;U 与 Co、Ba、Pb、Sr 与 Cu、As、Sc、Be、Co 等相关系数在 0.7 以上,具明显正相关关系;而 Zn、Pb、Cu、As、Sc、Be、Co、Sr、U 及 Y、ΣREE 与其他多数微量元素相关系数均小于零,无明显相关关系。化石及围岩微量元素对生命体有害元素如 Co、Sr、Be、As、U、Pb 与 REE 密切相关。

2. 元素的富集特征

从各元素特征参数统计表(表6-4)看,明显富集的元素为 U、Y、Sr、Gd、Tb、Ho、Dy、Eu、Er、La、Sm、Tm、Ce、Pr、Nd、Yb、Lu、Co、Be、Sc、As,富集系数 $K>1.5$,其中 U 的富集系数高达 89.50,Y 达 22.01,REE 基本在 7~12 之间;Pb 元素弱富集,富集系数 $1.0<K<1.2$;Ba、Zn 表现为略贫乏,富集系数为 $0.8<K<1$;表现为较贫乏的元素为 Li、V、Ga,富集系数 $0.5<K<0.8$;表现为贫乏的元素为 Ni、Zr、Ta、Sn、Hf、Tl、Th、Cr、Cu、Rb、Nb、Cs,富集系数 $K<0.5$。

3. 元素的变异特征

元素的变异系数总体都不高,都在 1.5 以下,从大到小排列顺序为:Sr、Rb、Cs、Dy、Tb、Ho、Gd、Er、Sm、Eu、Y、Tm、Nd、Yb、Pr、Ce、Lu、La、Tl、U、As、Nb、Cu、Li、Zr、Co、Hf、Be、Th、Cr、Sn、Sc、Ta、V、Ga、Pb、Ni、Zn、Ba。

从各元素特征参数统计表(表6-4)来看,强变异($C_v>1.0$)的元素有 Sr、Rb、Cs、Dy、Tb、Ho、Gd、Er、Sm、Eu、Y、Tm、Nd、Yb、Pr、Ce、Lu、La、Tl、U、As、Nb 等 22 个元素,表明其呈明显的不均匀分布,同时富集程度较高,其中 Sr 变异系数最大,为 1.28。变异($0.5<C_v<1.0$)的元素有 Cu、Li、Zr、Co、Hf、Be、Th、Cr、Sn、Sc、Ta、V 等 12 个元素,一般为不均匀分布,同时富集程度较低。弱变异($C_v<0.5$)的元素有 Ga、Pb、Ni、Zn、Ba 等 5 个元素,该类元素分布也不均匀,仅具有分散富集特征。

总体而言,属于富集集中型($K>1$、$C_v>1$)的元素有 U、Sr、Nd、Yb 及 REE 所有元素;属于贫乏集中型($K<1$、$C_v>1$)的元素有 Rb、Cs、Tl;属于富集分散型($K>1$、$C_v<1$)的元素有 Co、Be、Sc、Pb;属于贫乏分散型($K<1$、$C_v<1$)的元素有 Ba、Zn、Li、V、Ga、Ni、Zr、Ta、Sn、Hf、Th、Cr、Cu、Nb。

三、稀土元素组成特征

分析数据表显示,恐龙骨骼化石及围岩样品的稀土元素组成为 La、Ce、Pr、Nd、Sm、Eu、Gd、Tb、Dy、Ho、Er、Tm、Yb、Lu、Y 等 15 种元素。从恐龙骨骼化石及围岩样品微量元素含量表及稀土元素含量曲线图上可看出,恐龙骨骼化石样的稀土元素显示了极高异常,

表 6-3 恐龙骨骼化石及围岩样品微量元素特征参数统计表

元素	Rb	Cs	Tl	Nb	Li	Cr	Sn	Zr	Hf	Ga	V	Th	Ni	Ba	Ta	Zn	Pb	Cu	As	Sc	Be	Co	Sr	U	Y	ΣREE
Rb	1.00																									
Cs	1.00	1.00																								
Tl	0.97	0.97	1.00																							
Nb	0.97	0.96	0.96	1.00																						
Li	0.92	0.94	0.93	0.88	1.00																					
Cr	0.92	0.93	0.93	0.98	0.87	1.00																				
Sn	0.94	0.93	0.90	0.92	0.84	0.89	1.00																			
Zr	0.62	0.62	0.65	0.77	0.56	0.86	0.60	1.00																		
Hf	0.62	0.62	0.66	0.76	0.56	0.86	0.61	0.95	1.00																	
Ga	0.75	0.75	0.75	0.75	0.72	0.77	0.90	0.55	0.58	1.00																
V	0.67	0.67	0.67	0.76	0.58	0.85	0.69	0.95	0.95	0.67	1.00															
Th	0.38	0.38	0.43	0.56	0.32	0.68	0.38	0.95	0.94	0.34	0.88	1.00														
Ni	0.48	0.49	0.62	0.44	0.69	0.43	0.45	0.21	0.24	0.55	0.24	0.04	1.00													
Ba	0.62	0.61	0.71	0.66	0.70	0.71	0.53	0.74	0.76	0.57	0.75	0.60	0.73	1.00												
Ta	0.24	0.24	0.27	0.42	0.14	0.54	0.36	0.82	0.81	0.38	0.79	0.91	−0.08	0.39	1.00											
Zn	−0.32	−0.29	−0.29	−0.15	−0.25	0.04	−0.16	0.45	0.46	0.08	0.42	0.61	−0.26	0.11	0.70	1.00										
Pb	−0.32	−0.31	−0.33	−0.17	−0.38	−0.05	−0.24	0.33	0.32	−0.23	0.27	0.57	−0.51	−0.10	0.66	0.66	1.00									
Cu	−0.22	−0.21	−0.13	−0.04	−0.15	0.13	−0.12	0.56	0.58	0.14	0.53	0.70	0.04	0.44	0.73	0.88	0.60	1.00								
As	−0.39	−0.39	−0.34	−0.21	−0.41	−0.04	−0.30	0.45	0.45	−0.11	0.40	0.66	−0.33	0.12	0.74	0.93	0.74	0.91	1.00							
Sc	−0.80	−0.79	−0.72	−0.69	−0.66	−0.55	−0.67	−0.16	−0.14	−0.33	−0.20	0.04	−0.21	−0.16	0.14	0.71	0.47	0.70	0.71	1.00						
Be	−0.75	−0.74	−0.68	−0.62	−0.64	−0.48	−0.60	−0.04	−0.02	−0.28	−0.06	0.19	−0.23	−0.10	0.33	0.79	0.60	0.79	0.82	0.96	1.00					
Co	−0.73	−0.72	−0.66	−0.61	−0.63	−0.51	−0.58	−0.11	−0.10	−0.36	−0.13	0.15	−0.21	−0.17	0.37	0.64	0.62	0.66	0.73	0.80	0.91	1.00				
Sr	−0.59	−0.58	−0.47	−0.46	−0.43	−0.32	−0.59	0.14	0.15	−0.34	0.15	0.33	0.01	0.24	0.29	0.49	0.47	0.83	0.77	0.75	0.87	0.77	1.00			
U	−0.83	−0.82	−0.80	−0.73	−0.79	−0.64	−0.78	−0.24	−0.25	−0.69	−0.48	−0.43	−0.56	−0.44	−0.17	0.35	0.04	0.43	0.28	0.75	0.78	0.81	0.66	1.00		
Y	−0.75	−0.75	−0.70	−0.72	−0.62	−0.69	−0.56	−0.53	−0.50	−0.18	−0.34	−0.25	−0.01	−0.29	−0.24	−0.05	0.33	0.48	0.46	0.83	0.75	0.63	0.54	0.46	1.00	
ΣREE	−0.76	−0.75	−0.71	−0.72	−0.62	−0.62	−0.54	−0.39	−0.36	−0.14	−0.36	−0.25	−0.09	−0.27	−0.05	−0.52	0.20	0.48	0.46	0.89	0.85	0.72	0.61	0.54	0.98	1.00

表 6-4 各元素特征参数统计表

元素	样本	最小值/$\times 10^{-6}$	最大值/$\times 10^{-6}$	算术平均值/$\times 10^{-6}$	标准离差	富集系数	变异系数
Rb	10	0.10	81.90	32.10	40.10	0.29	1.25
Cs	10	0	2.10	0.80	1.00	0.17	1.23
Tl	10	0.02	0.69	0.28	0.28	0.42	1.01
Nb	10	0.30	8.20	3.40	3.40	0.22	1.00
Li	10	1.70	34.60	14.00	13.00	0.61	0.93
Cr	10	4.00	34.30	16.70	12.10	0.36	0.73
Sn	10	0.30	1.70	0.90	0.60	0.44	0.66
Zr	10	11.00	243.00	94.00	87.00	0.47	0.92
Hf	10	0.30	6.10	2.50	2.10	0.43	0.86
Ga	10	3.10	14.90	9.80	4.80	0.52	0.49
V	10	12.40	66.40	36.30	20.40	0.53	0.56
Th	10	1.00	12.30	4.60	3.40	0.41	0.75
Ni	10	5.80	22.10	12.30	5.50	0.49	0.44
Ba	10	405.00	762.00	602.00	162.00	0.95	0.27
Ta	10	0.08	1.03	0.47	0.26	0.45	0.57
Zn	10	31.70	118.00	58.30	24.50	0.86	0.42
Pb	10	10.00	39.10	19.30	9.30	1.01	0.48
Cu	10	1.50	21.00	6.00	5.80	0.35	0.97
As	10	3.60	27.00	7.30	7.30	1.65	1.00
Sc	10	7.00	38.00	18.60	11.40	1.88	0.62
Be	10	1.40	12.50	5.00	3.80	2.19	0.75
Co	10	2.40	105.00	41.80	38.20	4.18	0.91
Sr	10	253.00	10 967.00	2 897.00	3 697.00	12.88	1.28
U	10	2.70	536.00	205.80	206.10	89.50	1.00
La	10	18.60	1 008.00	375.90	380.10	9.40	1.01
Ce	10	44.70	1 752.00	583.20	598.20	7.67	1.03
Pr	10	4.50	205.00	65.20	68.40	7.58	1.05
Nd	10	16.70	822.00	255.80	273.30	7.52	1.07
Sm	10	3.00	172.00	48.10	55.30	8.02	1.15
Eu	10	0.80	43.50	12.70	14.40	10.56	1.14
Gd	10	2.30	214.00	61.80	72.40	12.88	1.17
Tb	10	0.37	31.80	8.95	10.61	11.05	1.19
Dy	10	2.00	189.00	53.40	64.00	10.69	1.20
Ho	10	0	38.00	11.00	13.00	10.77	1.18
Er	10	1.10	102.00	30.40	35.10	10.47	1.16
Tm	10	0.17	10.40	3.24	3.59	7.71	1.11
Yb	10	1.10	57.80	19.10	20.50	7.36	1.07
Lu	10	0.17	7.05	2.47	2.52	6.66	1.02
Y	10	9.60	1 406.00	462.30	516.50	22.01	1.12

而围岩样品的稀土元素含量则相对已知碎屑岩的稀土元素丰度全部偏低,呈低背景值。

(一)围岩的稀土元素组合特征

用围岩样品的分析数据列表进行排序形成灵武恐龙围岩稀土元素含量排序表(表6-5),整体结果显示灵武恐龙围岩稀土元素中,没有含量大于 100×10^{-6} 的元素,平均含量大于 10×10^{-6} 之间的元素依次为 Ce、La、Nd、Y,含量介于 $1\times10^{-6}\sim10\times10^{-6}$ 之间的元素依次为 Pr、Sm、Gd、Dy、Yb、Er,含量小于 1×10^{-6} 的元素依次为 Eu、Ho、Tb、Lu、Tm。

表6-5 灵武恐龙围岩样品稀土元素含量排序表　　　　单位:$\times10^{-6}$

项目	围岩				平均值
	PM01(1)GS1	PM01(1)GS2	PM01(3)GS1	PM01(4)GS1	
Ce	49.12	44.70	60.82	62.08	54.18
La	22.73	18.60	28.14	31.49	25.24
Nd	19.17	16.70	21.59	24.53	20.50
Y	11.62	9.64	11.11	14.67	11.76
Pr	5.26	4.48	6.02	6.61	5.59
Sm	3.44	3.04	3.53	4.03	3.51
Gd	2.64	2.30	2.67	3.24	2.71
Dy	2.36	2.05	2.17	2.68	2.31
Yb	1.40	1.11	1.19	1.47	1.29
Er	1.35	1.13	1.18	1.48	1.29
Eu	0.85	0.75	0.83	0.93	0.84
Ho	0.44	0.39	0.41	0.52	0.44
Tb	0.43	0.37	0.42	0.48	0.43
Lu	0.21	0.17	0.18	0.22	0.20
Tm	0.21	0.17	0.18	0.23	0.20

与已知碎屑岩的稀土元素丰度对比,所有元素都明显偏低,几乎全部显示负异常,除 La 含量比较接近外,各元素含量仅有已知碎屑岩含量的 20%~75%,呈低背景值。

围岩的稀土总量(ΣREE)在 $95.97\times10^{-6}\sim140.01\times10^{-6}$ 之间,轻稀土(LREE)$88.28\times10^{-6}\sim129.67\times10^{-6}$,重稀土(HREE)总量仅 $7.69\times10^{-6}\sim10.34\times10^{-6}$,轻重稀土比值(LREE/HREE)介于 11.12~14.41 之间,与钻孔及区域上地层较为一致;在北美页岩标准化配分模式图上(图6-8),稀土含量远低于恐龙骨骼化石样品,4件样品曲线较为平坦,总体一致,呈现较明显的 Eu 正异常。

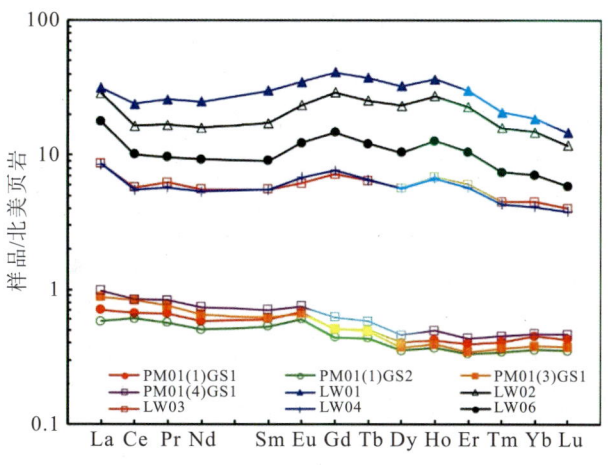

图 6-8 稀土元素北美页岩标准化配分模式图

(二)恐龙骨骼化石的稀土元素组合特征

用恐龙骨骼化石样品的分析数据列表进行排序形成灵武恐龙骨骼化石稀土元素含量排序表(表6-6),整体结果显示在恐龙骨骼化石稀土元素中,平均含量大于100×10^{-6}的元素依次为Ce、Y、La、Nd、Pr、Gd,其中Pr、Gd部分样品含量小于100×10^{-6};平均含量介

表6-6 恐龙骨骼化石样品稀土元素含量排序表　　　单位:$\times10^{-6}$

项目	恐龙骨骼化石						平均值
	LW01	LW02	LW03	LW04	LW05	LW06	
Ce	1 751.51	1 207.31	419.91	402.63	1 095.89	737.14	935.73
Y	1 405.50	1 241.19	330.74	341.64	575.17	681.05	762.55
La	1 008.16	917.98	275.44	274.35	618.02	565.49	609.91
Nd	822.04	529.48	183.67	176.28	460.37	305.28	412.85
Pr	204.54	132.21	49.67	45.48	121.27	76.28	104.91
Gd	214.20	152.29	37.36	39.98	87.68	76.49	101.33
Dy	189.48	134.71	33.21	32.79	74.57	60.38	87.52
Sm	171.55	98.40	31.72	31.47	82.40	51.45	77.83
Er	102.10	77.15	20.66	19.58	43.26	35.67	49.74
Yb	57.80	46.04	13.99	12.87	33.35	22.02	31.01
Eu	43.52	29.17	7.68	8.44	19.34	15.21	20.56
Ho	37.98	28.61	7.15	7.00	15.15	13.16	18.17
Tb	31.81	21.60	5.49	5.60	13.04	10.29	14.64
Tm	10.40	7.93	2.25	2.17	5.13	3.71	5.27
Lu	7.05	5.67	1.94	1.84	4.55	2.83	3.98

于 $10\times10^{-6}\sim100\times10^{-6}$ 之间的元素依次为 Dy、Sm、Er、Yb、Eu、Ho、Tb,其中 Dy、Sm、Er 部分样品含量大于 100×10^{-6};含量介于 $1\times10^{-6}\sim10\times10^{-6}$ 之间的元素依次为 Tm、Lu,没有含量小于 1×10^{-6} 的元素。

与围岩的稀土元素含量对比,所有元素都呈超高正异常,各元素含量达围岩含量的 7~86 倍(图 6-9),含量平均值相对围岩富集 20~64 倍,相对已知碎屑岩富集 9~20 倍。

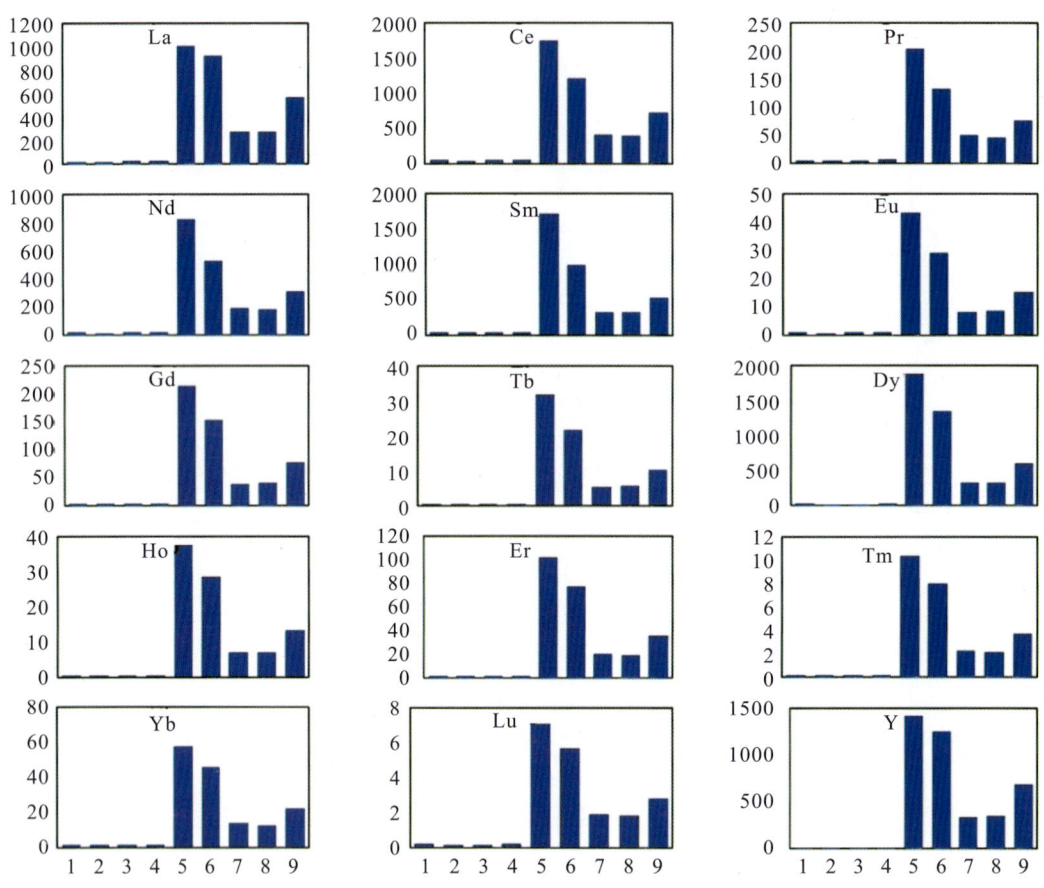

图 6-9　恐龙骨骼化石及围岩样品稀土元素含量($\times10^{-6}$)柱状图

化石中轻稀土(La—Eu)元素含量一般为围岩平均值的 20 倍以上,为已知碎屑岩的 10 倍以上,其中 La 元素含量在 $274.35\times10^{-6}\sim1\,008.16\times10^{-6}$ 之间,是围岩均值含量的 10~39 倍,是已知碎屑岩的 9~33 倍,平均值为 609.91×10^{-6},是围岩的 24.17 倍,是已知碎屑岩的 20.32 倍。

重稀土(Gd—Y)元素含量一般为围岩平均值的 30 倍以上,为已知碎屑岩的 9 倍以上,其中 Y 元素含量在 $330.74\times10^{-6}\sim1\,405.50\times10^{-6}$ 之间,是围岩均值含量的 28~119 倍,是已知碎屑岩的 8~35 倍,平均值为 762.55×10^{-6},达到围岩的 64 倍,是已知碎屑岩的 19 倍;Er 元素含量在 $19.59\times10^{-6}\sim102.10\times10^{-6}$ 之间,是围岩均值含量的 15~79 倍,是已知碎屑岩的 5~25 倍,平均值为 49.74×10^{-6},是围岩的 38.7 倍,是已知碎屑岩的

12 倍;Dy 元素含量在 $33.21\times10^{-6}\sim189.48\times10^{-6}$ 之间,是围岩均值含量的 $14\sim81$ 倍,是已知碎屑岩的 $4\sim26$ 倍,平均值为 87.52×10^{-6},是围岩的 37.8 倍,是已知碎屑岩的 12 倍。

稀土总量(ΣREE)在 $1\,060.46\times10^{-6}\sim4\,652.13\times10^{-6}$ 之间,是围岩均值含量的 $8.9\sim39$ 倍,是已知碎屑岩的 $5\sim22$ 倍,平均值为 775.35×10^{-6},是围岩的 6.5 倍,是已知碎屑岩的 11.8 倍;轻稀土(LREE)$938.64\times10^{-6}\sim4\,001.31\times10^{-6}$,是围岩的 $8.5\sim36$ 倍,是已知碎屑岩的 $5\sim22$ 倍,平均值为 $2\,161.79\times10^{-6}$,是围岩的 19.7 倍,是已知碎屑岩的 12 倍;重稀土(HREE)达 $121.82\times10^{-6}\sim650.82\times10^{-6}$,是围岩的 $13.7\sim73$ 倍,平均值为 108.47×10^{-6},是围岩的 35 倍,是已知碎屑岩的 10 倍;轻重稀土比值(LREE/HREE)介于 $6.15\sim8.66$ 之间,平均值为 7.8,低于围岩的 12.39,高于已知碎屑岩的 5.92。

在北美页岩标准化配分模式图上(图 6-8),稀土含量远高于围岩样品,6 件样品曲线较为平坦,总体一致。

(三)恐龙骨骼化石稀土元素富集原因分析

从前述可知,恐龙骨骼化石中稀土元素全部呈现高异常,其原因可能与围岩中富含中酸性花岗岩和火山岩碎屑,以及绿帘石、黝帘石、黑云母等富含稀土元素的矿物碎屑有关;而生物有机体的强吸附力和浓缩、聚集某些易溶元素的能力可能也是使一些元素具有超高正异常的重要原因。但纠其本质,根本原因还是化石本体稀土元素含量高。如果说围岩的低背景含量加大了化石元素含量异常的峰值,那么即使剔除围岩的低背景含量,化石中稀土元素的超高异常也不容忽视。反之,在低背景围岩情况下,全部依靠生物有机体的吸附、浓缩、聚集作用,几乎不可能使化石稀土元素如此富集,更加说明化石本体含量本来就高,目前呈现的稀土元素超高异常及对灵武恐龙的影响更应引起我们的重视,甚至可能是灵武恐龙集群死亡的原因之一。

四、微量元素组成特征

分析数据显示,恐龙骨骼化石及围岩样品的微量元素组成为 Rb、Cs、Tl、Nb、Li、Cr、Sn、Zr、Hf、Ga、V、Th、Ni、Ba、Ta、Zn、Pb、Cu、As、Sc、Be、Co、Sr、U 等 24 种元素。从恐龙骨骼化石及围岩样品微量元素含量表和微量元素含量曲线图上可看出,围岩样品 14 种微量元素含量相对已知碎屑岩的微量元素丰度偏高,呈高背景值,其他 10 种元素则相对正常。而恐龙骨骼化石样与围岩相比相当一部分微量元素显示了较高的正、负异常(图 6-10)。

(一)围岩的微量元素组合特征

用围岩样品的分析数据列表进行排序,形成灵武恐龙围岩微量元素含量排序表(表 6-7),整体结果显示灵武恐龙围岩稀土元素中,含量大于 100×10^{-6} 的元素依次为 Ba、Sr、Zr,平均含量介于 $10\times10^{-6}\sim100\times10^{-6}$ 之间的元素依次为 Rb、V、Zn、Cr、Li、Pb、Ga、Ni,平均含量介于 $1\times10^{-6}\sim10\times10^{-6}$ 之间的元素依次为 Co、Nb、Sc、Th、Cu、Hf、As、

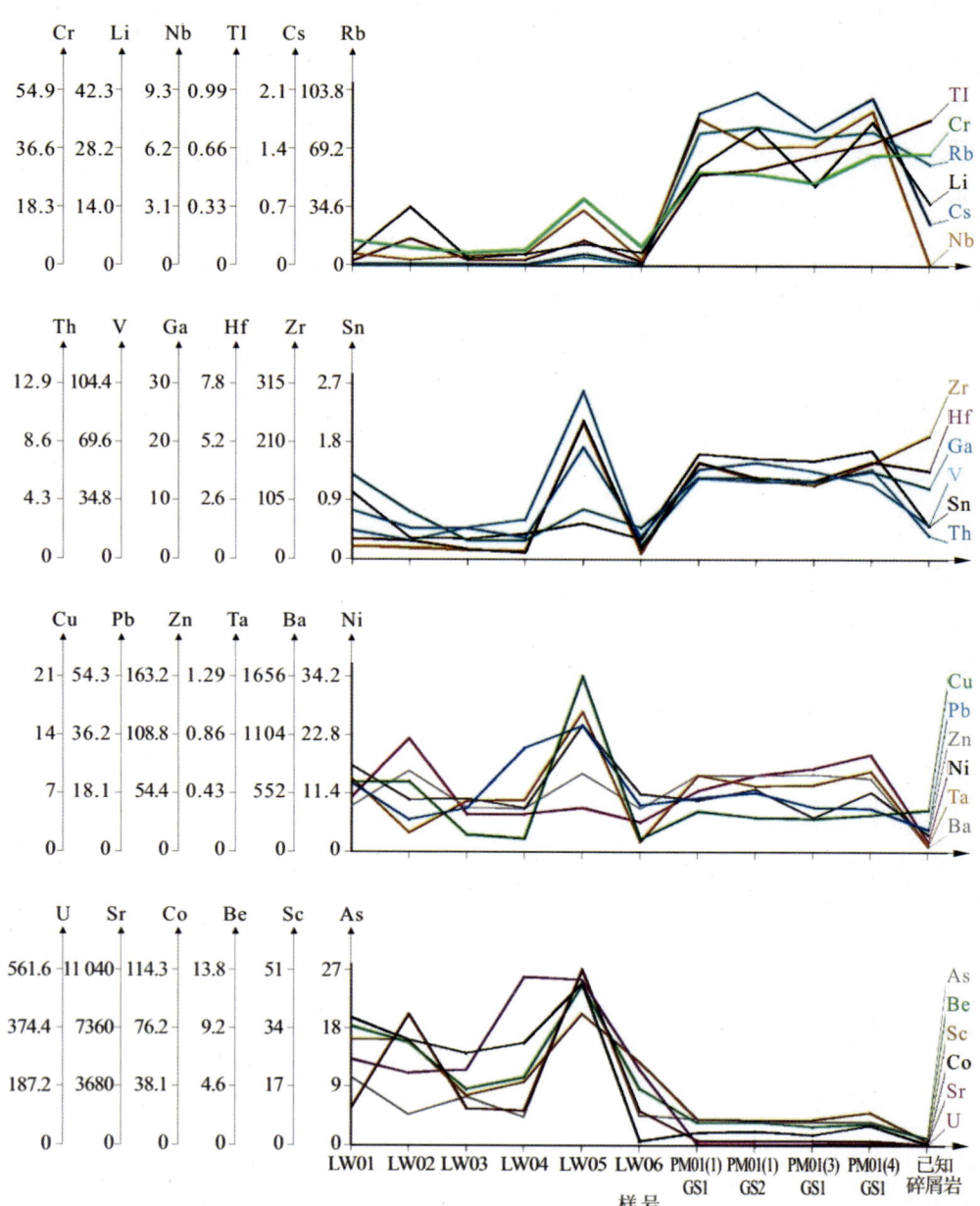

图 6-10 微量元素含量曲线图（单位为 $\times 10^{-6}$）

U、Cs、Be、Sn，含量小于 1×10^{-6} 的元素依次为 Ta、Tl。

与已知碎屑岩的微量元素丰度对比，Nb、Co、Ba、Sr、Ta、U、Sc、Ni、Cs、As、Th、Be、Sn、Zn 等 14 种元素均偏高，在 3 倍以上，呈高背景含量，特别是 Nb 元素达到了 142 倍；V、Pb、Li、Rb、Ga、Hf、Cu、Cr、Tl、Zr 等 10 种元素差异较小，一般在 0.6～2 倍，可视为正常背景含量。

表6-7 灵武恐龙围岩样品微量元素含量排序表　　　　　单位:×10^{-6}

项目	围岩				平均值
	PM01(1)GS1	PM01(1)GS2	PM01(3)GS1	PM01(4)GS1	
Ba	723.00	716.80	729.55	689.25	714.65
Sr	254.82	253.03	263.99	259.19	257.76
Zr	170.69	141.34	131.48	171.44	153.74
Rb	77.98	81.93	75.41	78.96	78.57
V	53.10	57.21	51.98	44.19	51.62
Zn	47.68	58.02	31.69	55.23	48.15
Cr	29.09	28.52	25.82	34.34	29.44
Li	23.87	33.07	19.17	34.55	27.67
Pb	16.64	18.30	13.76	13.41	15.53
Ga	13.90	13.75	13.32	14.91	13.97
Ni	11.88	14.77	16.24	18.92	15.45
Co	7.79	8.76	6.39	12.38	8.83
Nb	7.73	6.23	6.32	8.16	7.11
Sc	7.39	7.03	7.21	9.30	7.73
Th	5.93	5.68	5.61	6.58	5.95
Cu	4.83	4.10	3.96	4.39	4.32
Hf	4.27	3.60	3.47	4.29	3.91
As	3.92	3.59	3.59	3.60	3.67
U	2.74	2.94	3.84	6.88	4.10
Cs	1.82	2.07	1.61	2.00	1.88
Be	1.74	1.78	1.42	1.65	1.65
Sn	1.61	1.54	1.50	1.66	1.58
Ta	0.56	0.48	0.49	0.59	0.53
Tl	0.51	0.55	0.62	0.69	0.59

高背景元素中，Nb元素含量在$6.23×10^{-6}$～$8.16×10^{-6}$之间，达到已知碎屑岩含量的120～160倍，平均值为$7.11×10^{-6}$，是已知碎屑岩的142倍；Co元素含量在$6.39×10^{-6}$～$12.38×10^{-6}$之间，达到已知碎屑岩含量的21～41倍，平均值为$8.83×10^{-6}$，是已知碎屑岩的29.45倍；Ba元素含量在$689.25×10^{-6}$～$729.55×10^{-6}$之间，是已知碎屑岩含量的13～15倍，平均值为$714.65×10^{-6}$，是已知碎屑岩的14倍；Sr元素含量在$253.03×10^{-6}$～$263.99×10^{-6}$之间，是已知碎屑岩含量的12～13倍，平均值为$257.76×10^{-6}$，是

已知碎屑岩的 12.8 倍;Ta 元素含量在 $0.48×10^{-6}$～$0.59×10^{-6}$ 之间,是已知碎屑岩含量的 9～11 倍,平均值为 $0.53×10^{-6}$,是已知碎屑岩的 10.6 倍;U 元素含量在 $2.74×10^{-6}$～$6.88×10^{-6}$ 之间,是已知碎屑岩含量的 6～15 倍,平均值为 $4.10×10^{-6}$,是已知碎屑岩的 9 倍;其他元素含量在 3 倍左右。

正常背景元素中,V 元素含量在 $44.19×10^{-6}$～$57.21×10^{-6}$ 之间,为已知碎屑岩含量的 2.2～2.8 倍,平均值 $51.62×10^{-6}$,是已知碎屑岩的 2.6 倍;Pb 元素含量在 $13.41×10^{-6}$～$18.30×10^{-6}$ 之间,达到已知碎屑岩含量的 1.9～2.6 倍,平均值为 $15.53×10^{-6}$,是已知碎屑岩的 2.2 倍;Tl 元素含量在 $0.51×10^{-6}$～$0.69×10^{-6}$ 之间,是已知碎屑岩含量的 0.6～0.8 倍,平均值为 $0.59×10^{-6}$,是已知碎屑岩的 0.72 倍;Zr 元素含量在 $131.48×10^{-6}$～$171.44×10^{-6}$ 之间,是已知碎屑岩含量的 0.6～0.77 倍,平均值为 $153.74×10^{-6}$,是已知碎屑岩的 0.69 倍;其他元素含量更接近已知碎屑岩。

在球粒陨石标准化的微量元素蛛网图(图 6-11)上,多数微量元素含量远低于恐龙骨骼化石样品,4 件样品曲线变化不大,与元素含量分析总体一致。

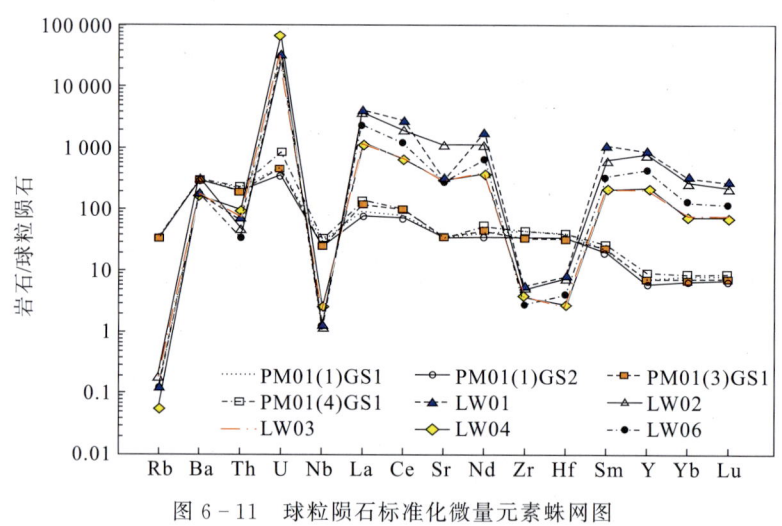

图 6-11　球粒陨石标准化微量元素蛛网图

(二)恐龙骨骼化石微量元素组合特征

恐龙骨骼化石样品的分析数据整体结果显示与围岩的微量元素丰度相比,24 种微量元素含量明显可分为高含量、等含量与低含量三组:高含量组 As、Sc、Be、Co、Sr、U 等 6 种元素含量明显高于围岩,在 2 倍以上,特别是 Co、Sr、U 元素平均含量可达化石的 7～83 倍,显示超高的正异常;等含量组 Ga、V、Th、Ni、Ba、Ta、Zn、Pb、Cu 等 9 种元素含量二者相差不大,均值倍数在 2 倍以下,可视为无异常;低含量组 Rb、Cs、Tl、Nb、Li、Cr、Sn、Zr、Hf 等 9 种元素含量明显低于围岩,一般在 10%～40% 之间,特别是 Rb、Cs 含量仅为围岩的 1%～2%,显示出超高的负异常。

高含量高正异常组中,U 元素含量在 $228×10^{-6}$～$536×10^{-6}$ 之间,达到围岩均值含量的 55～130 倍,已知碎屑岩的 500～1190 倍,平均值为 340.33×10^{-6},是围岩均值含量的 83 倍,已知碎屑岩的 756 倍;Sr 元素含量在 2104×10^{-6}～10 967×10^{-6} 之间,达到围岩均值含量的 8～31 倍,已知碎屑岩的 105～548 倍,平均值为 4 656.83×10^{-6},是围岩均值含量的 18 倍,已知碎屑岩的 232 倍;Co 元素含量在 2.37×10^{-6}～105×10^{-6} 之间,是围岩均值含量的 0.2～11 倍,已知碎屑岩的 7～350 倍,平均值为 63.845×10^{-6},是围岩均值含量的 7 倍,已知碎屑岩的 212 倍;As 元素含量在 4.26×10^{-6}～27.03×10^{-6} 之间,是围岩均值含量的 1.2～7.3 倍,已知碎屑岩的 4～27 倍,平均值为 9.68×10^{-6},是围岩均值含量的 2.6 倍,已知碎屑岩的 9.6 倍。

等含量无异常组中,Cu、Pb、Zn 等 3 种金属元素相对围岩含量最高,为 1.3～1.6 倍,Ga、V、Th 等 3 种元素最低,为 0.5～0.6 倍,相对含量居中的 Ba、Ta 元素相对已知碎屑岩达到 8～10 倍,却仅为围岩均值的 73.6%,应该也是与围岩的高背景及已知碎屑岩的取值有关。

低含量高负异常组中,Rb 元素含量在 0.13×10^{-6}～5.03×10^{-6} 之间,仅为围岩均值含量的 0.17%～6.40%,已知碎屑岩的 0.22%～8.38%,平均值为 1.07×10^{-6},是围岩均值含量的 1.36%,已知碎屑岩的 1.79%;Cs 元素含量在 0.018×10^{-6}～0.14×10^{-6} 之间,仅为围岩均值含量的 0.96%～7.47%,已知碎屑岩的 3.60%～28.00%,平均值为 0.04×10^{-6},是围岩均值含量的 2.14%,已知碎屑岩的 8.03%;值得注意的是 Nb 元素,其含量在本组中相对已知碎屑岩达到 15.7 倍,却仅为围岩均值的 12.33%,这与围岩的高背景及已知碎屑岩的取值有关。

在球粒陨石标准化的微量元素蛛网图(图 6-11)上,恐龙骨骼化石样品多数微量元素含量远高于围岩样品,6 件样品曲线变化不大,与元素含量分析总体一致,而 U 元素的超高异常尤其明显。

(三)恐龙骨骼化石微量元素富集原因分析

恐龙骨骼化石中微量元素呈现三分组现象,高含量高正异常组中,U、Sr、Co 元素为超高正异常,As 元素为高正异常;等含量无异常组中虽然异常不明显,但 Cu、Pb、Zn 等重金属元素对环境及恐龙生活的污染值得注意;低含量高负异常组中,Rb、Cs、Nb 元素为超高负异常。

恐龙骨骼化石微量元素的富集与亏损,首先与前述围岩的大地构造环境及源区岩石、矿物的性质相关,其次部分元素可能由于生物有机体的强吸附力和浓缩、聚集作用而带入带出而形成,但 U、Sr、Co 元素的超高正异常与 Rb、Cs、Nb 元素为超高负异常,即或围岩有相对的高背景值也无法形成。根本原因还是化石本体中的这些微量元素含量高导致的,在高背景围岩情况下,全部依靠生物有机体的吸附、浓缩、聚集作用,不可能使化石微量元素富集几十至上百倍,只能说明化石本体含量高。而且,U、Sr、Co、As 及 REE 均为生命有害元素,它们的超高含量会对灵武恐龙生活状态产生重大影响。

五、灵武恐龙化石微量元素异常特征

通过前述元素组成研究，灵武恐龙骨骼化石微量元素异常有以下明显特征：

(1) 轻、重稀土的超高异常。样品中稀土元素均具有超高异常。轻稀土(LREE)含量 $938.64\times10^{-6}\sim4\,001.31\times10^{-6}$，是围岩($109.86\times10^{-6}$，围岩平均值，下同)的 $8.5\sim36$ 倍；重稀土(HREE)含量 $121.82\times10^{-6}\sim650.82\times10^{-6}$，是围岩($8.865\times10^{-6}$)的 $13.7\sim73$ 倍。

(2) U 的超高异常。U 含量在 $228\times10^{-6}\sim536\times10^{-6}$ 之间，是围岩(4.1×10^{-6})的 $55\sim130$ 倍，已知碎屑岩(0.45×10^{-6})的 $500\sim1190$ 倍，高出陆生动物正常值(0.013×10^{-6})$4\sim5$ 个数量级，高出广元河西晚侏罗世恐龙化石($10\times10^{-6}\sim67\times10^{-6}$)1 个数量级，与自贡大山铺中侏罗世恐龙化石超高铀异常($41.4\times10^{-6}\sim530.4\times10^{-6}$)相当。

(3) Sr 的超高异常。Sr 含量在 $2104\times10^{-6}\sim10\,967\times10^{-6}$ 之间，是围岩均值含量(257.75×10^{-6})的 $8\sim31$ 倍，已知碎屑岩(20×10^{-6})的 $105\sim548$ 倍，高出陆生动物体正常含量(14×10^{-6})$2\sim3$ 个数量级，与河南西峡晚白垩世恐龙蛋含量($1820\times10^{-6}\sim13\,700\times10^{-6}$)相当，且 Sr 元素含量在围岩中相当稳定。

(4) As 的高异常。恐龙骨骼化石中 As 含量在 $4.26\times10^{-6}\sim27.03\times10^{-6}$ 之间，是围岩均值(3.68×10^{-6})的 $1.2\sim7.3$ 倍，是已知碎屑岩(1×10^{-6})的 $4\sim27$ 倍，高出陆生动物正常值(0.2×10^{-6})$1\sim2$ 个数量级，与广元河西晚侏罗世恐龙化石($10.1\times10^{-6}\sim28.7\times10^{-6}$)相当，略低于自贡大山铺中侏罗世恐龙化石($20\times10^{-6}\sim34.4\times10^{-6}$)，低于安岳恐龙化石($34.9\times10^{-6}\sim36.6\times10^{-6}$)。

(5) Ba 的高异常。Ba 含量在 $405\times10^{-6}\sim762\times10^{-6}$ 之间，相对已知碎屑岩富集达到 $8\sim10$ 倍，虽然比广元河西晚侏罗世恐龙化石($825\times10^{-6}\sim1812\times10^{-6}$)及自贡大山铺中侏罗世恐龙化石($696\times10^{-6}\sim4580\times10^{-6}$)低很多，但却依然比现代陆生动物平均含量($0.75\times10^{-6}$)高出 3 个数量级。

(6) 碱金属元素 Rb、Cs、Li 超低负异常。Rb 含量在 $0.13\times10^{-6}\sim5.03\times10^{-6}$ 之间，仅为围岩的 $0.17\%\sim6.40\%$，而现代陆生动物平均含量达 17×10^{-6}；Cs 元素含量在 $0.018\times10^{-6}\sim0.14\times10^{-6}$ 之间，仅为围岩均值含量的 $0.96\%\sim7.47\%$，平均含量 0.04×10^{-6}，与现代陆生动物平均含量(0.064×10^{-6})接近；Li 元素含量在 $1.68\times10^{-6}\sim14.1\times10^{-6}$ 之间，仅为围岩均值含量的 $6.06\%\sim50.90\%$。

(7) 重金属 Zn 的低异常。化石中 Zn 含量在 $40.5\times10^{-6}\sim118\times10^{-6}$ 之间，与围岩接近，但平均含量只有 64.98×10^{-6}，与广元河西晚侏罗世恐龙化石($18\times10^{-6}\sim86\times10^{-6}$)相当，比现代陆生动物平均含量 160×10^{-6} 低出很多。

微量元素主要通过成岩蚀变和物质交换两种途径富集，引起上述微量元素异常的原因可能有两方面：一方面是由于恐龙活着时，通过吃食物和饮水(可能也包括呼吸空气)时与地球化学环境中的生命元素进行交换，使得一些微量元素被过量摄入体内，且相当一部分富集在骨骼中，并在石化过程中保存下来，如 Sr、As、Ba 等。另一方面，生物组织中微量元素含量的多少通常会间接地反映环境当中微量元素的水平,如 U、REE 等超高异常,可能反映了恐龙当时生活环境的污染,化石本体就有极高的含量,加之恐龙骨骼在石化过程中由于有机质的强吸附作用而富集积累,形成化石中的超高异常。在前面的分析中我们也应注意到,多种微量元素的超高正、负异常,仅由地内地质作用形成是很困难的,各种异常元素特别是铀的来源值得进一步研究,通过前面直罗组沉积相分析结合区域地质情况,灵武周边没有大量的岩浆活动和大规模的中酸性岩浆侵入活动发生且缺乏相关的地质证据,则地外物质加入的可能性变大,但需要明确的证据来进一步证实。

六、灵武恐龙死亡原因探讨

微量元素主要通过成岩蚀变和物质交换两种途径富集,引起上述微量元素异常的原因可能有两方面:一方面是由于恐龙活着时,通过吃食物和饮水(可能也包括呼吸空气)时与地球化学环境中的生命元素进行交换,使得一些微量元素被过量摄入体内,且相当一部分富集在骨骼中,并在石化过程中保存下来,如 Sr、As、Ba 等。另一方面,生物组织中微量元素含量的多少通常会间接地反映环境当中微量元素的水平,如 U、REE 等超高异常,可能反映了恐龙当时生活环境的污染,化石本体就有极高的含量,加之恐龙骨骼在石化过程中由于有机质的强吸附作用而富集积累,形成化石中的超高异常,许多微量元素为生物体非必需的元素,化石中超高的稀土异常和微量元素异常,势必对灵武恐龙的生活产生重要的影响。

U 的化学性质很活泼,自然界不存在游离态的金属铀,放射性特别强,生物化学特征使其富集于地表,易迁移,富集状态与有机物含量有极密切的关系,具强烈放射性的 U 元素的部分富集是恐龙死亡后埋藏石化过程中吸附所致,这可能是恐龙化石铀富集的原因之一。李奎等(1997)研究发现,U 在恐龙及其他脊椎动物骨骼化石中的含量要高于其在现代爬行类、哺乳动物中的含量。灵武恐龙化石中的超高 U 异常,也可能是生前遭受环境中污染的放射性病变导致死亡后埋藏石化过程中吸附累积共同造成的。U 的异常富集不可能全是因沉积而缓慢积累的结果,那么,地外物质的突然增加,可作为恐龙体内 U 超高异常的另一来源解释。

过高的 Sr 也对恐龙的生活产生不利影响,张玉光等(2003)与陈友红等(1997)在研究恐龙蛋化石微量元素组成时指出,当 Sr 含量异常偏高时,蛋壳会表现出明显的脆薄,极不利于胚胎的孵化和发育,从而极大地影响恐龙的繁衍与生殖。那么,灵武恐龙体内如此高的 Sr 异常,是否影响了动物群的繁衍生息?宁夏恐龙发现很少,是否与 Sr 的超高异常导致病变死亡或无法繁衍后代慢慢消亡有关还需更多研究。

As 为有害微量生命元素,其高异常会影响恐龙生命活动,人和动物如果摄入过量的 As 就会引起一系列毒副反应,As 属生物毒性显著的元素,毒性在生物体中不易被微生物分解,易被生物体选择富集。Ba 元素对生物体的危害作用是强烈的,也是对人体和动物体有害的微量生命生素,可溶性钡盐的过高含量会使生物体发生病变,表现为心律紊乱,抑制骨骼造血,引起痉挛、瘫痪等。通过对比大量的恐龙化石产出围岩的 Ba 含量,灵武恐龙围岩平均含量为 714.75×10^{-6},开江中侏罗世恐龙围岩 Ba 平均含量为 621×10^{-6},广元中侏罗世恐龙围岩 Ba 平均含量为 279.5×10^{-6},自贡中侏罗世恐龙围岩 Ba 平均含量为 364×10^{-6},楚雄盆地中侏罗世恐龙围岩 Ba 平均含量为 442.8×10^{-6},安徽齐云山白垩纪恐龙围岩 Ba 为 148.69×10^{-6},河南西峡白垩纪恐龙围岩 Ba 为 3.97×10^{-6},豫西栾川潭头盆地白垩纪恐龙围岩 Ba 为 523.03×10^{-6},较已知碎屑岩的 Ba 含量($10\times10^{-6}\sim90\times10^{-6}$)高 4~7 倍,说明恐龙生活时期的侏罗纪与白垩纪的沉积环境中 Ba 含量都高。因此,Ba 在恐龙骨骼化石中含量异常原因可能为生前饮用高 Ba 水源而导致骨骼中 Ba 含量过高;同时,因骨骼矿物中的 Ca 极易于与围岩中的 Ba 发生类质同像替代,所以恐龙骨骼中的高 Ba 含量亦与此途径有关。前文分析出碱金属元素 Rb、Cs、Li 呈超低负异常,这会对恐龙生存过程产生诸多不利影响。

综合前述沉积环境分析及微量元素组成特征表明,灵武地区为干旱、半干旱的气候条件,灵武恐龙集群死亡的原因可能是由 U、As、Ba、Sr 及稀土元素的超高异常与干旱、半干旱的气候共同引起的。当然恐龙的绝灭应该是多因素的,绝不是某一单一因素或原因造成的,可能是地外的突变、地内和生物本身生理等各种复杂矛盾或因素相互发展、相互作用的结果。由于各种因素的强弱程度、时间长短及生物自身生理特征的不同,而使各类生物的兴衰和灭绝程度不一致。特别是灵武恐龙死亡原因的研究,需要运用相互制约的多因素机理和渐变与突变相结合的科学思想,选择符合事实的观点,来更深层次地分析探讨恐龙的死亡问题。

第七章　结束语

本书研究成果是在宁夏回族自治区矿产地质调查院与四川省地质矿产勘查开发局区域地质调查队各级领导的大力支持下,在本书编写人员及"宁夏灵武国家地质公园恐龙化石赋存地层研究"项目组全体技术人员的共同努力下取得的,本书围绕宁夏灵武恐龙化石埋藏地层开展了相关研究工作,取得了一些成果和新的认识。

宁夏灵武恐龙化石赋存于直罗组上部,其时代为中侏罗世巴通期至卡洛夫期。结合沉积物的地球化学、碎屑统计特征指示的直罗组源岩主要为中酸性岩,混有长英质、基性岩,构造环境属不稳定的活动大陆边缘,物源区为岩浆弧和碰撞造山带,物源主要来自于天山-兴蒙褶皱带,贺兰山杂岩也具较大的贡献。通过地质剖面和钻孔研究,结合粒度分析,直罗组可划分为曲流河和辫状河两个沉积体系,上部曲流河沉积体系划分为河床、堤岸、河漫3个亚相和5个微相,下部辫状河沉积体系划分为河床、河漫2个亚相。直罗组孢粉组合以蕨类植物孢子占优势,裸子植物花粉次之,与区域延安组孢粉分析对比,反映炎热干旱气候的因子剧增,揭示了直罗期研究区气候由温暖湿润开始向炎热干旱气候转变,这与我国北方的古气候在巴柔期与巴通期之交发生了从常湿温暖气候向炎热气候转变,及鄂尔多斯盆地第二阶段聚煤作用的消失不谋而合。同时直罗组沉积物常量元素、微量元素、稀土元素测试及砂岩的粒度分析也指示了研究区直罗期的古气候由温暖湿润演变为炎热干旱,古盐度增加,水环境由淡水演变为盐水,古水深逐渐变小的环境演化趋势,间接还原了恐龙生活时代古环境的演变。恐龙化石为河漫滩沉积环境下的原地埋藏,通过灵武恐龙骨骼化石的微量、稀土元素组成分析,灵武恐龙化石显示出超高微量元素异常特征,其成因复杂还需更多研究来证明元素异常对恐龙生活环境及生存状态产生的影响。

本书研究内容选择有代表性的灵武恐龙化石赋存剖面及化石埋藏地钻孔,通过取样、测试和分析,首次系统地提供了灵武地区直罗组及恐龙化石的元素组合数据,书中资料丰富,可使读者对灵武恐龙化石埋藏地层(直罗组)的特征有更多了解,但本书也存在着深度与广度不足的问题,希望读者可从书中获取参考,共同探索进一步的工作方向。

主要参考文献

曹代勇,徐浩,刘亢,等,2015.鄂尔多斯盆地西缘煤田构造演化及其控制因素[J].地质科学,50(2):410-427.

陈克樵,王毅民,於晓晋,等,1996.恐龙蛋化石物质组分研究[J].岩矿测试,15(3):192-197.

陈克樵,徐和聆,陈荣秀,等,2000.天台盆地恐龙蛋化石结构和组分研究[J].岩矿测试,19(1):45-50.

陈印,冯晓曦,陈路路,等,2017.鄂尔多斯盆地东北部直罗组内碎屑锆石和铀矿物赋存形式简析及其对铀源的指示[J].中国地质,44(6):1190-1206.

陈友红,朱节清,王晓红,等,1997.恐龙蛋壳化石微区的元素组成与分布的质子探针研究[J].核技术,20(3):158-163.

成都地质学院,1976.沉积岩(物)粒度分析及其应用[M].北京:地质出版社.

北京市地质研究所,2018.宁夏灵武国家地质公园综合考察报告[R].北京:北京市地质研究所.

冯静,王为,2018.基于Origin的概率累积曲线的计算与绘制[J].热带地理,38(4):565-574.

冯连君,储雪蕾,张启锐,等,2003.化学蚀变指数(CIA)及其在新元古代碎屑岩中的应用[J].地学前缘,10(4):539-544.

高瑞祺,赵传本,郑玉龙,等,1994.松辽盆地深层早白垩世孢粉组合研究[J].古生物学报(6):659-675,785-787.

雷开宇,刘池洋,张龙,等,2017.鄂尔多斯盆地北部中生代中晚期地层碎屑锆石U-Pb定年与物源示踪[J].地质学报,91(7):1522-1541.

雷开宇,刘池洋,张龙,等,2017.鄂尔多斯盆地北部侏罗系泥岩地球化学特征:物源与古沉积环境恢复[J].沉积学报,35(3):621-636.

雷开宇,刘池洋,张龙,等,2017.鄂尔多斯盆地南部中侏罗统直罗组沉积物源:来自古流向与碎屑锆石U-Pb年代学的证据[J].地学前缘,24(6):254-276.

李斌,孟自芳,夏斌,等,2006.鄂尔多斯盆地西缘构造演化特征[J].西北油气勘探,18(4):29-34.

李斌,孟自芳,宋岩,等,2007.鄂尔多斯盆地西缘前陆盆地构造-沉积响应[J].吉林大学学报(地球科学版),37(4):703-709.

李奎,蔡开基,张玉光,1999.恐龙骨骼化石与其他脊椎动物骨骼的微量元素的对比研究[J].地质地球化学,27(2):70-75.

李奎,蔡开基,张玉光,1997.四川广元河西晚侏罗世恐龙动物群集群死亡原因研究[J].大自然探索,16(3):90.

李奎,童纯菡,张玉光,等,1998.四川广元恐龙化石的微量元素组合特征及其意义[J].大自然探索,17(2):49-52.

李正辉,柳小明,董云鹏,等,2013.贺兰山古元古代同碰撞花岗岩地球化学、锆石 U-Pb 年代及其地质意义[J].岩石学报,29(7):2405-2415.

刘池洋,赵红格,桂小军,等,2006.鄂尔多斯盆地演化-改造的时空坐标及其成藏(矿)响应[J].地质学报,80(5):617-638.

刘金科,张道涵,魏俊浩,等,2016.贺兰山北段古元古代 S 型花岗岩岩石地球化学、锆石 U-Pb 年代学及其地质意义[J].中南大学学报(自然科学版),47(1):187-197.

罗伟,刘池洋,张东东,等,2015.鄂尔多斯盆地西缘石岗沟地区直罗组碎屑锆石 LA-ICP-MS U-Pb 年代学特征及物源区判定[J].矿物岩石,35(4):106-115.

罗伟,刘池洋,张东东,等,2016.贺兰山—六盘山地区中侏罗统直罗组地球化学特征及其地质意义[J].古地理学报,18(6):1030-1043.

毛光周,刘池洋,2011.地球化学在物源及沉积背景分析中的应用[J].地球科学与环境学报,33(4):337-348.

牟耘,1992.广东南雄晚白垩世恐龙蛋孵化期的微环境[J].古脊椎动物学报,30(2):120-129,173-175.

宁夏回族自治区地质矿产局,1997.宁夏回族自治区岩石地层[M].武汉:中国地质大学出版社.

宁夏回族自治区地质矿产勘查开发局,2013.宁夏回族自治区区域地质志[M].北京:地质出版社.

孙立新,张云,张天福,等,2017.鄂尔多斯北部侏罗纪延安组、直罗组孢粉化石及其古气候意义[J].地学前缘,24(1):32-51.

王蓉,沈后,1992.孢粉资料定量研究古气候的尝试[J].石油学报(02):184-190.

吴兆剑,韩效忠,易超,等,2013.鄂尔多斯盆地东胜地区直罗组砂岩的地球化学特征与物源分析[J].现代地质,27(3):557-567.

徐小涛,邵龙义,2018.利用泥质岩化学蚀变指数分析物源区风化程度时的限制因素[J].古地理学报,20(3):515-521.

阎宏涛,杨胜科,1996.催化激光热透镜光谱法测定南阳恐龙蛋化石中的痕量铱[J].高等学校化学学报,17(10):1544-1546.

阎宏涛,郑荣,阎盛,1997.中国南阳恐龙蛋化石中痕量稀土的 LTLS 测定[J].光谱学与光谱分析,17(5):17-20.

杨江海,杜远生,徐亚军,等,2007.砂岩的主量元素特征与盆地物源分析[J].中国地质,34(6):1032-1041.

杨群,王怡林,张鹏翔,等,2002.武定恐龙化石的显微拉曼光谱研究[J].光谱学与光谱分析,22(5):793-795.

游水生,李振江,李有波,2019.宁夏灵武恐龙赋存地层特征及沉积环境[J].四川地质学报,39(S1):31-35.

张泓,晋香兰,李贵红,等,2008.鄂尔多斯盆地侏罗纪—白垩纪原始面貌与古地理演化[J].古地理学报,10(1):1-11.

张康,李子颖,易超,等,2015.鄂尔多斯盆地北东部直罗组下段砂体物质来源及沉积环境[J].铀矿地质,31(S1):258-282.

张康,李子颖,易超,等,2014.鄂尔多斯盆地北东部直罗组下段砂体岩石学特征及其物源指示意义[J].矿床地质,33(S1):479-480.

张立平,王东坡,1994.松辽盆地白垩纪古气候特征及其变化机制[J].岩相古地理(01):11-16.

张天福,孙立新,张云,等,2016.鄂尔多斯盆地北缘侏罗纪延安组、直罗组泥岩微量、稀土元素地球化学特征及其古沉积环境意义[J].地质学报,90(12):3454-3472.

张玉光,李奎,蔡开基,1998.四川开江恐龙骨骼化石矿物组分分离和微量元素组合的研究[J].岩相古地理,18(4):49-56.

张玉光,裴静,2003.河南西峡恐龙蛋铱、锶元素含量异常分析[J].自然杂志,26(6):368-369.

赵俊峰,刘池洋,喻林,等,2007.鄂尔多斯盆地侏罗系直罗组砂岩发育特征[J].沉积学报,25(4):535-544.

赵俊峰,刘池洋,赵建设,等,2008.鄂尔多斯盆地侏罗系直罗组沉积相及其演化[J].西北大学学报(自然科学版),38(3):480-486.

赵蕾,2011.宁东地区侏罗系直罗组沉积特征及其水文地质意义[D].青岛:山东科技大学.

赵秀兰,赵传本,关学婷,等,1992.利用孢粉资料定量解释我国第三纪古气候[J].石油学报(02):215-225.

赵资奎,毛雪瑛,柴之芳,等,1998.广东南雄盆地白垩系—第三系(K/T)交界恐龙蛋壳的铱丰度异常[J].中国科学(D辑),28(5):425-430.

周良仁,于浦生,1989.阿拉善台隆同位素年龄数据及其地质意义[J].西北地质(01):52-63.

朱光有,钟建华,周瑶琪,等,1999.河南西峡晚白垩世恐龙蛋化石壳超高异常Sr的发现及其意义[J].沉积学报,17(4):659-662.

BHATIA M R, CROOK K A W, 1986. Trace element characteristics of graywacks and tectonic setting discrimination of sedimentary basins[J]. Contributions to Mineralogy and Petrology, 92(2):181-193.

BHATIA M R, 1983. Plate tectonics and geochemical composition of sandstones[J]. Journal of Geology, 91:611-627.

CROOK K A W, 1974. Lithogenesis and geotectonics: the significance of composition in flysch arenites (gray wackes)[M]//DOTT R H, SHAVER R H. Mordern and ancient geosynclinal sedimentation. Tulsa: SEPM Spec. Publ.:304-310.

DICKINSON W R, SUCZEK C A, 1979. Plate tectonics and sandstone compositions[J]. AAPG Bulletin, 63(12):2164-2182.

DICKINSON W R, 1983. Provenance of north American Phanerozoic sandstones in relation to tectonic setting[J]. Geological Society of Ameriea Bulletin,94:222-235.

DICKINSON W R,1985. Interpreting provenance relations from detrital modes of sandstone[C]//ZUFFA G G . Provenance of Arenites. Reidel Dordreeht:333-361.

FLOYD P A , LEVERIDGE B E,1987. Tectonic environment of the Devonian Gramscatho Basin, South Cornwall: framework mode and geochemical evidence from turbiditic sandstones[J]. Journal of the Geological Society,144(4):531-542.

FRIEDMAN G M,1961. Distinction between dune beach and river sands from their textural characteristics[J]. J. Sedim. Petro. ,66:384-416.

GU X X, LIU J M, ZHENG M H, et al,2002. Provenance and tectonic setting of the Proterozoic turbidites in Hunan, South China: geochemical evidence[J]. Journal of Sedimentary Research,72(3):393-407.

GUO Q,XIAO W J,WINDLEY B F,et al,2012. Provenance and tectonic settings of Permian turbidites from the Beishan Mountains NW China: implications for the Late Paleozoic aceretionary tectonics of the southern Ahaids[J]. Journal of Asian Earth Sciences,49: 54-68.

HOLLAND H D, 1978. The chemistry of the atmosphere and oceans [M]. New York: Wiley:1-351.

MCLENNAN S M, HEMMING S, MCDANIEL D K,et al,1993. Geochemical approaches to sedimentation, provenance, and tectonics[M]//LOHNSSON M J,BASU A. Processes Controlling the Compnsition of Clastic Sediments. Boulder, Colorado: Geological Society of America:21-40.

PETTIJOHN F J,POTTER P E,SIEVER R,1987. Sand and sandstone[M]. 2nd edition. Berlin: Springer-Verlag:1-553.

ROSER B P,KORSCH R J,1986. Determination of tectonic setting of sandstone - mudstone suites using SiO_2 content and K_2O/Na_2O ratio[J]. The Journal of Geology,94:635-650.

RUDNICK R L, GAO S, 2003. Composition of the continental crust[M]//HOLLAND H D, TUREKIAN K K. The Crust. Oxford:Elsevier-Pergamon:1-64.

SCHOENEL B,EDDY M P,SAMPERTON K M, et al,2019. U-Pb constraints on pulsed eruption of the Deccan Traps across the end-Cretaceous mass extinction[J]. Science(363): 862-866.

SPALLETTI L A,QUERALT I,MATHEOS S D,et al,2008. Sedimentary petmlogy and geochemistry of siliciclastic rocks from the upper Jurassic Tordillo Formation(Neuquén Basin,western Argentina): implications for provenance and tectonic setting[J]. Journal of South American Earth Sciences,25(4):440-463.

SPRAIN C J,RENNE P R, VANDERKLUYSEN L, et al,2019. The eruptive tempo of Deccan volcanism in relation to the Cretaceous-Paleogene boundary[J]. Science(363):866-870.

SUN S S, MCDONOUGH W F, 1989. Chemical and isotopic systematics of oceanic basalts: implications for mantle composition and processes[M]//SAUNDERS A D, NORRY M J. Magmatism in the Ocean Basins. Geological Society, London, Special Publications, 42: 313-345.

VALLONI R, MAYNARD J B, 1981. Detrital modes of recent deep-sea sands and their relation to tectonic setting: a first approximation[J]. Sedimentology, 28: 75-83.

XU X, UPCHURCH P, MANNION P D, et al, 2018. A new Middle Jurassic diplodocoid suggests an earlier dispersal and diversification of sauropod dinosaurs[J]. Nature Communications, 9(1): 2700-2708.